低压线损
精益化管理实务

国网盐城供电公司　组编

DIYA XIANSUN

JINGYIHUA GUANLI SHIWU

中国电力出版社

CHINA ELECTRIC POWER PRESS

内 容 提 要

为进一步提升电网基层工作人员线损分析技能、提高线损精益化管理水平，国网江苏省电力有限公司盐城供电分公司组织编写了《低压线损精益化管理实务》。本书筛选和提炼了近年来低压线损管理工作中具有代表性的线损治理典型案例。通过对本书的系统学习，电网基层工作人员能够全面提升线损工作的理论水平和现场工作能力。

本书分低压线损管理基础知识和典型案例两部分。低压线损管理基础知识主要介绍了线损基础知识、相关管理规定、台区线损异常原因及症状；典型案例部分根据影响线损的原因（包括档案、计量、客户、设备、其他原因）进行案例分析；最后对台区、功率因数、台户关系等线损相关名词进行了解释。

本书可供电网企业线损管理人员与线损分析人员学习参考，也可以作为一线台区经理辅助核查线损率异常台区的指导用书。

图书在版编目（CIP）数据

低压线损精益化管理实务 / 国网盐城供电公司组编 .—北京：中国电力出版社，2020.9
ISBN 978-7-5198-4837-8（2022.3重印）

Ⅰ.①低…　Ⅱ.①国…　Ⅲ.①低电压—线损计算　Ⅳ.① TM744

中国版本图书馆 CIP 数据核字（2020）第 138551 号

出版发行：中国电力出版社
地　　址：北京市东城区北京站西街 19 号（邮政编码 100005）
网　　址：http://www.cepp.sgcc.com.cn
责任编辑：赵　杨（010-63412287）
责任校对：黄　蓓　于　维
装帧设计：张俊霞
责任印制：石　雷

印　　刷：北京九天鸿程印刷有限责任公司
版　　次：2020 年 9 月第一版
印　　次：2022 年 3 月北京第三次印刷
开　　本：710 毫米 ×1000 毫米　16 开本
印　　张：14
字　　数：173 千字
印　　数：2901—3400 册
定　　价：70.00 元

《低压线损精益化管理实务》编委会

主　任　张文华

副主任　杨曙东

委　员　陈　群　吕志刚　徐　浩　吴兴阳

主　编　王宝健

副主编　胡志林　袁姗姗

参　编　王银香　刘松梅　刘　颖　王蕾蕾　周琳琳
　　　　　陈　春　季益坤　叶　鹏　周容容　许　威
　　　　　吕思娟　陆　杨　吴君军　刘　陈　叶　石
　　　　　黄万里　刘　坤　孙洁雨　王　聪　倪　静
　　　　　单湘月　杨雪楠　李　天　王　慧　陈进华
　　　　　王建龙　黄　坚　王　暑　纪　荔　沈　笋
　　　　　庄建东　朱崇明　倪亚佳　姜卫东　朱金吉
　　　　　葛　冰　张卫华　裴子霞　鞠丽萍　李璨璨

线损率是在一定时期内电能损耗占供电量的比率，是反映电网规划设计、生产运行和经营管理水平的综合性经济技术指标。线损管理是供电企业供电经营管理中一项工作量大、技术性强、基础性广的系统工程。低压台区线损管理涉及营销用电管理、计量管理、抄核收管理、配电网规划管理、运行管理、检修管理等方面，全面体现了电网企业对台区设备及用户的管理水平，是电网企业线损"四分"管理（"四分"管理是指对所辖电网采取包括分压、分区、分线和分台区的线损管理在内的综合降损管理方式）的一个重要组成部分。

近年来，国网江苏省电力有限公司盐城供电分公司（简称国网盐城供电公司）从助力国家节能减排、加快创建"两个一流"、突破线损管理瓶颈、推进营销精益管理的需要出发，夯实营销线损管理基础，深化用电信息采集系统建设成果应用，突出线损异常台区治理，创新构建电网企业低压线损精益管理体系，实施台区理论线损在线计算、台区线损异常原因在线智能分析、治理成效的自动评价和闭环管理，注重线损异常治理典型经验交流，建立典型经验库。

2020年，国网盐城供电公司积极响应网省公司提质增效专项行动要求，为进一步提升电网基层工作人员线损分析技能、提高线损精益化管理水平，梳理了近年来低压线损相关管理规定，从多个专业角度进行专项案例分析，将近年来低压线损管理工作中具有代表性的线损治理典型案例，经过筛选和提炼后汇编成册，编写了《低压线损精益化管理实务》。通过对本书的系统学习，电网基层工作人员能够全面提升线损工作的理论水平和现场工作能力。

本书可供电网企业线损管理人员与线损分析人员学习参考，也可以作为一线台区经理辅助核查线损率异常台区的指导用书。

鉴于作者水平和经验有限，书中难免存在一些不足之处，恳请各位专家和读者批评指正。

编　者

2020年5月

CONTENTS

目 录

前言

第一章　线损基础知识·····················001

第一节　线损基本概念·····················003

第二节　线损的分类和构成·····················004

第三节　线损降损措施·····················006

CHAPTER ONE

第二章　相关管理规定·····················009

第一节　江苏省电力公司0.4kV台区线损和专线线损管理
实施细则（苏电营〔2015〕441号）······011

第二节　江苏省电力公司低压线损管理工作评价
办法（苏电营〔2015〕506号）···········021

第三节　国网江苏省电力公司营销部（农电工作部）关于
进一步加强营销专业线损管理工作的通知
（电营〔2016〕32号）·····················026

第四节　国网盐城供电公司台区线损精益化管理实施方案
（盐供电营〔2018〕369号）···········029

CHAPTER TWO

第三章　台区线损异常原因及症状······043

第一节　高损··045

第二节　负损··055

第三节　线损不可计算···062

第四章　档案类线损典型案例············071

第一节　TA变比有误···073

案例1　关口户现场倍率与系统倍率不一致（一）·····073

案例2　关口户现场倍率与系统倍率不一致（二）·····074

案例3　客户营销系统倍率与现场倍率不一致·········076

第二节　户变关系···078

案例1　单电源客户台区挂接错误（一）·············078

案例2　单电源客户台区挂接错误（二）·············080

案例3　双电源用户台区挂接主备供有误（一）·········082

案例4　双电源用户台区挂接主备供有误（二）·········083

案例5　专用变压器用户计量点挂接错误·············085

第三节　营销系统档案字段错误·························087

案例1　参考表字段是否为"NULL"或"是"···········087

案例2　客户计量点级别错误（一）·················088

案例3　客户计量点级别错误（二）·················090

第四节　其他档案类···092

案例1　小区变电站自用电需装表建户（一）·········092

案例2　小区变电站自用电需装表建户（二）·········093

案例3　台区存在公用电厂类型的全额上网光伏用户······095

案例4　新装流程未及时归档·························099

第五章 计量类线损典型案例⋯⋯⋯⋯101

第一节 采集运维类⋯⋯⋯⋯⋯⋯⋯⋯⋯⋯ 103

案例1 用户采集器无法采集数据 ⋯⋯⋯⋯ 103

案例2 数据采集成功率低 ⋯⋯⋯⋯⋯⋯⋯ 104

案例3 采集器时钟乱码 ⋯⋯⋯⋯⋯⋯⋯⋯ 105

案例4 客户计量装置时钟偏差 ⋯⋯⋯⋯⋯ 107

案例5 台区总表时钟偏差 ⋯⋯⋯⋯⋯⋯⋯ 108

第二节 计量装置故障⋯⋯⋯⋯⋯⋯⋯⋯⋯ 109

案例1 关口互感器影响线损（一） ⋯⋯⋯ 109

案例2 关口互感器影响线损（二） ⋯⋯⋯ 112

案例3 关口表一相失压 ⋯⋯⋯⋯⋯⋯⋯⋯ 114

案例4 关口表某相电流失流（一） ⋯⋯⋯ 115

案例5 关口表某相电流失流（二） ⋯⋯⋯ 117

案例6 电能表超差 ⋯⋯⋯⋯⋯⋯⋯⋯⋯⋯ 119

案例7 接线盒烧坏 ⋯⋯⋯⋯⋯⋯⋯⋯⋯⋯ 121

案例8 总表计量异常 ⋯⋯⋯⋯⋯⋯⋯⋯⋯ 123

案例9 用户表计故障（一） ⋯⋯⋯⋯⋯⋯ 125

案例10 用户表计故障（二） ⋯⋯⋯⋯⋯⋯ 128

案例11 用户表计故障（三） ⋯⋯⋯⋯⋯⋯ 130

案例12 用户表计故障（四） ⋯⋯⋯⋯⋯⋯ 132

案例13 用户表计错接线（一） ⋯⋯⋯⋯⋯ 133

案例14 用户表计错接线（二） ⋯⋯⋯⋯⋯ 135

第六章 用户类线损典型案例⋯⋯⋯⋯139

第一节 窃电⋯⋯⋯⋯⋯⋯⋯⋯⋯⋯⋯⋯⋯ 141

案例1 用户短接电能表内部进线端进行窃电 ………… 141

案例2 用户改变电能表内部芯片电路进行窃电（一）…… 143

案例3 用户改变电能表内部芯片电路进行窃电（二）…… 145

案例4 用户绕越计量装置接线窃电（一）………… 147

案例5 用户绕越计量装置接线窃电（二）………… 149

案例6 用户绕越计量装置接线窃电（三）………… 151

案例7 用户私自接线窃电导致线损增高（一）…… 152

案例8 用户私自接线窃电导致线损增高（二）…… 154

案例9 用户改变电能表进出线窃电 ……………… 156

第二节 超容………………………………………… 159

案例1 用户因超容影响正确计量 ………………… 159

第三节 未装表计量用电…………………………… 161

案例1 小区变电站自用电未计入用电量 ………… 161

案例2 单相小功率设备无表无户用电 …………… 163

第四节 功率因数低………………………………… 164

案例1 用户功率因数偏低导致高线损（一）…… 164

案例2 用户功率因数偏低导致高线损（二）…… 166

第七章 设备类线损典型案例………… 169

第一节 供电半径过长或线径小…………………… 171

案例1 供电半径过长影响线损 …………………… 171

第二节 三相负载不平衡…………………………… 173

案例1 三相负荷不平衡导致线损超高 …………… 173

第三节 负载率低、设备损耗占比高……………… 175

案例1 负荷率低、设备损耗占比高影响线损 ……… 175

第四节　绝缘不良··· 177

案例1　低压线路搭在横担上放电，引起台区

　　　　高线损（一）································· 177

案例2　低压线路搭在横担上放电，引起台区

　　　　高线损（二）································· 180

案例3　接户线接触墙体放电，漏电保护设备

　　　　未动作（一）································· 182

案例4　接户线接触墙体放电，漏电保护设备

　　　　未动作（二）································· 183

案例5　配电箱内铜排烧坏影响线损 ··············· 185

案例6　电缆破损引起放电影响线损 ··············· 187

第八章　其他原因线损典型案例·········191

第一节　施工质量不良··· 193

案例1　客户计量装置电压连接片松动导致线损偏高 ··· 193

第二节　配电人员变更运行方式未告知···················· 194

案例1　两台带低压母联配电变压器运行方式变更导致

　　　　台区线损异常 ································· 194

第三节　台区负荷切割··· 196

案例1　台区负荷切割，未及时维护档案导致户变

　　　　关系错（一）································· 196

案例2　台区负荷切割，未及时维护档案导致户变

　　　　关系错（二）································· 198

案例3　台区负荷挂接点有误导致户变关系错（一）····· 199

案例4　台区负荷挂接点有误导致户变关系错（二）····· 201

第四节　线路线损…………………………………………… 202

案例1　高压窃电 ……………………………………… 202

附录　台区线损相关名词解释…………205

CHAPTER

ONE

第一章
线损基础知识

低压线损

精益化管理实务

线损是电网企业一项综合性的经济技术指标，是企业利润的重要组成部分，其大小取决于电网结构、技术状况、运行方式、潮流分布、电压水平以及功率因数等多种因素，线损高低反映了电网企业的经营管理水平，为此降低线损在电网企业的发展中越发重要。

第一节 线损基本概念

1. 线损

电网企业在电能输送和营销过程中自发电厂出线起至客户电能表止所产生的电能损耗和损失，简称线损。

2. 线损电量

电力网在输送和分配电能的过程中，由于输、变、配电设备存在着阻抗，在电流流过时，会产生一定数量的有功功率损耗。在给定的时间段（日、月、季、年）内，输、变、配电设备以及营销各环节中所消耗的全部电量称为线损电量。

3. 计算公式

$$线损电量 = 供电量 - 售电量$$

供电量：电网企业供电生产活动的全部投入量，它由发电厂上网电量、外购电量、邻网输入和输出电量组成。

$$供电量 = 发电厂上网电量 + 外购电量 + 邻网输入电量 - 向邻网输出电量$$

售电量：指电网企业卖给用户的电量和本企业供给非电力生产用的电量。

第二节 线损的分类和构成

电能损失可按其损耗的特点、性质进行分类，降损工作要根据这些特点、性质采取相应的技术和管理措施。

1. 按线损的特点

可变损耗：这种损耗是电网各元件中的电阻在通过电流时产生的损耗，它的大小与电流的平方成正比。如电力线路损耗、变压器绕组中的损耗。

不变损耗（或固定损耗）：这种损耗的大小与负荷电流的变化无关，与电压变化有关，而系统电压是相对稳定的，所以其损耗相对不变。如变压器、互感器、电动机、电能表铁芯的电能损耗，电容器和电缆的介质损耗，以及高压线路的电晕损耗、绝缘子损耗等。

其他损耗：其他损耗也称管理损耗或不明损耗，是由于管理不善，在供电过程中偷、漏、丢、送等原因造成的各种损耗。

2. 按线损的性质

技术线损：技术线损又称理论线损。它是电网各元件电能损耗的总称，主要包括不变损耗和可变损耗。技术线损可通过理论计算来预测，通过采取技术措施达到降低的目的。

管理线损：由计量设备误差引起的线损以及由于管理不善和失误等原因造成的线损。

（1）电能计量装置的误差，如表计错误接线、计量装置故障、二次回路电压降、熔断器熔断等引起的电能损耗。

（2）营销工作中由于抄表不到位，存在漏抄、错抄、估抄等现象，核算过程中错算及倍率搞错等引起的电能损耗。

（3）用户违章用电及窃电等引起的电能损失。

（4）供、售电量抄表时间不一致引起的电能损失。

（5）带电设备绝缘不良引起的泄漏电流等电能损失。

线损性质分类图如图 1-1 所示。

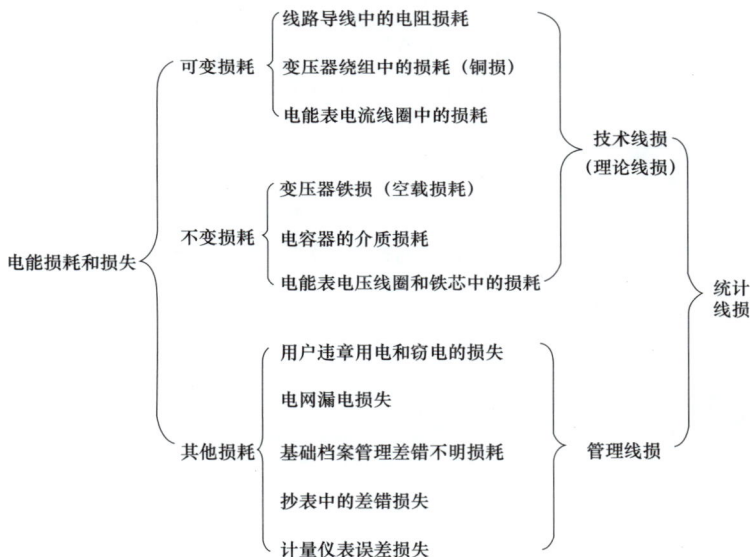

图1-1　线损性质分类图

管理线损通过加强管理是可以降到零的，而技术线损是不能降到零的。

3. 按线损管辖范围和电压等级

线损率根据电网企业管辖范围和电压等级可分为一次网损率和地区线损率，一次网损率可分为 500、330、220kV 网损率，地区线损率可分为地区网损率和配电线损率。

一次网损率：由网、省（市、区）电网公司调度管理的输、变电设备产生的电能损耗，称为一次网损。

地区线损率：由供电公司调度管理的输、变、配电设备产生的电能损耗，称为地区损耗。地区损耗按照运行电压等级分为 110、66、35kV 地区网损和 10（6）kV 及以下配电线损。

电力网线损分网（级）、分压示意图如图 1-2 所示。

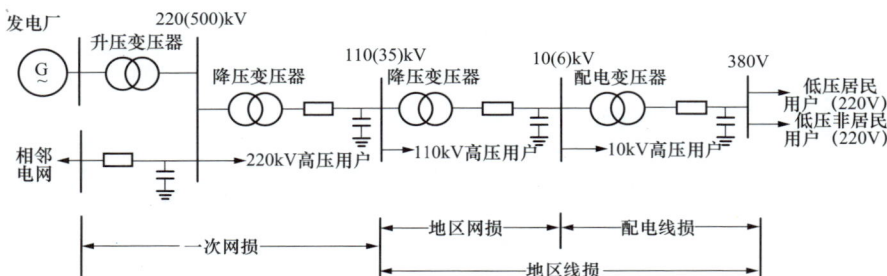

图1-2　电力网线损分网（级）、分压示意图

第三节　线损降损措施

线损是在电力网运行中产生的，导致电能损耗的因素包括技术、设备、运行、管理等。根据线损的组成和性质，降低线损的措施主要分为技术降损和管理降损两类。

（1）技术降损措施。技术降损措施包括电力网的技术改造和电力网的经济运行。电力网的技术改造措施包括电力网升压改造、合理调整运行电压、换粗截面导线、降低配电变压器电能损耗、平衡变压器三相负荷、增加无功补偿等；电力网的经济运行措施包括线路的经济运行、主变压器的经济运行、配电变压器的经济运行、无功电压优化运行等。

（2）管理降损措施。管理降损措施包括建立健全线损管理体系、加强指标管理、营配调基础数据管理、用电管理、计量管理等，由于线损管理涉及范围广、情况复杂、工作难度大，因此需要建立包括调度、规划、运检、营销、农电等部门的管理网络，做到各尽其职，密切配合，协同工作。这是做好线损管理的基础工作，也是降低管理线损的重要措施。

CHAPTER
TWO

第二章
相关管理规定

低压线损
精益化管理实务

第一节 江苏省电力公司 0.4kV 台区线损和专线线损管理实施细则（苏电营〔2015〕441 号）

第一章 总 则

第一条 为贯彻落实国家节能政策，加强国网江苏省电力有限公司（简称"省公司"）电网节能管理，提高电网经济运行水平，根据国家电网公司和省公司线损管理有关规章制度及办法，特制订本实施细则。

第二条 本细则所指 0.4kV 台区是指设备资产归属电网经营企业所有的公用变压器及其供电服务的低压用电区域。专线客户包括 10、20、35、110、220kV 供电的用电客户。

第三条 台区线损和专线线损管理是公司线损管理的重要组成部分，应坚持统一领导、分级管理、分工负责、协同合作、真实可控，实现对台区线损、专线线损的全过程管理。

第四条 台区线损管理以营销业务应用系统和用电信息采集系统（简称"用采系统"）为支撑，在用电信息采集系统建设工作中，按照变压器台区"安装一台、投运一台、监测一台、考核一台"的原则有序推进。

第五条 专线线损管理以用电信息采集系统为支撑，按照"梳理一线、平衡一线、监测一线、管控一线"的原则平稳实施，准确定位窃电，堵塞用电漏洞。

第六条 台区线损和专线线损管理遵循"技术线损最优，管理线损最小"的宗旨，运检部门开展技术线损工作，营销部门开展管理线损工作，各司其职，共同提高线损管理水平。

第二章　管理职责

第七条　省公司营销部（农电工作部）

（一）负责组织开展全省分台区与专线客户线损管理工作，组织与管理线损相关的辅助分析指标的专业管理工作。

（二）负责深化完善营销管理线损的机构及人员责任分解确定，构建全省统一的台区线损管理网络。

（三）负责公司营业抄核收工作，加强抄表制度管理，组织开展营业普查及反窃电工作，堵塞漏洞，减少偷漏损失。

（四）负责公司电能计量的专业管理工作，制订计量管理办法，组织用电信息采集系统的建设和深化应用工作。

（五）负责下达台区线损管理考核指标，组织地市公司营销部开展0.4kV台区理论线损计算工作，对各供电公司及农村供电所的台区线损管理工作情况进行检查、督促、指导，并按期统计发布各单位台区线损管理指标，进行考核。

（六）负责开发完善线损管理相关技术支持系统，实现台区和专线客户线损的统计和辅助分析功能。

（七）负责组织研究分台区线损管理过程中变户关系识别及调整的相关技术，为分台区线损管理奠定基础。

（八）负责协调分台区线损管理工作中跨部门、跨专业的各类事项，统筹解决相关问题，确保稳妥有序推进。

第八条　市供电公司营销部（客户服务中心）

（一）负责贯彻落实省公司线损管理要求，组织开展本地区分台区和专线客户线损管理工作。

（二）负责开展本地区台区关口及台区以下客户和专线客户的抄核收工

作，积极应用营销业务应用系统、用电信息采集系统和稽查监控系统检查抄表制度执行情况，保证抄表质量。

（三）负责开展本地区营业普查及反窃电工作，堵塞漏洞，减少偷漏损失。

（四）负责开展本地区用电信息采集系统的建设、验收和实用化应用工作。

（五）负责分解省公司下达的台区线损管理考核指标，按期统计各基层单位台区线损管理指标，进行考核。

（六）负责开展本单位 0.4kV 台区理论线损计算工作，编制理论线损计算分析报告。

（七）负责协调解决分台区和专线客户线损管理中的各类问题。

第九条　市供电公司营业与电费室

（一）负责对新增低压供电的台区变户关系进行确认和维护，科学制订合理的供电方案，加强对客户内部隐蔽工程的中间检查。

（二）负责开展台区变户关系的现场核查和系统内维护工作，并定期与配电运检室进行台区变户关系的核对和动态维护。负责在用电信息采集系统中建立专线客户和调度电能量采集系统线路关口的对应关系。

（三）负责合理安排台区关口及台区以下客户和专线客户的抄表例日，严格固定抄表周期和例日，提高抄表质量。

（四）负责按计划完成台区及以下客户和专线客户供售电量的核算和发行工作，提高核算质量，严格把关，对发现的问题督促相关专业及时整改。

（五）负责用电信息采集系统的实用化应用和运行监测工作，对具备用电采集系统在线监测功能的台区和专线客户，保质保量开展线损在线监测运行。

（六）负责开展台区和专线客户线损的月度统计和日常监控工作，制订有效措施，常态开展降损工作。

第十条　市供电公司计量室

（一）负责台区关口和专线客户电能计量装置的安装和运行维护工作，负责做好关口电能计量装置技术档案建立和维护工作。

（二）负责用电信息采集系统的建设及验收工作，提高采集覆盖面，做好台区关口及以下客户电能表和专线客户的采集工作。

（三）负责用电信息采集系统的故障消缺和设备维护工作，提高一次抄表成功率。

（四）负责计量装置的安装和故障处理工作，做好装、拆、换计量装置工作质量管理。

第十一条 市供电公司配电运检室

（一）负责所辖各类设备标识的维护工作。

（二）负责及时反馈营业与电费室台区新增、变更、退运等信息的变化情况。

（三）负责提供公用台区相关资料，配合营业与电费室开展变户关系的核定工作。

第十二条 县供电公司客户服务中心、区供电营业部

（一）负责对新增低压供电的台区变户关系进行确认和维护，科学制订合理的供电方案，加强对客户内部隐蔽工程的中间检查。

（二）负责开展台区变户关系的现场核查和系统内维护工作，并定期与配电运检室进行台区变户关系的核对和动态维护。

（三）负责合理安排台区及以下客户和专线客户的抄表例日，严格固定抄表周期和例日，提高抄表质量。

（四）负责用电信息采集系统的实用化应用和运行监测工作，对具备用电采集系统在线监测功能的台区和专线客户，保质保量开展线损在线监测运行。

（五）负责开展台区和专线客户线损的月度统计和日常监控工作，制订有效措施，常态开展降损工作。

（六）负责开展本单位 0.4kV 台区理论线损计算工作，编制理论线损计算分析报告。

（七）负责台区关口和专线客户电能计量装置的安装和运行维护工作，负责做好关口电能计量装置技术档案建立和维护工作。

（八）负责用电信息采集系统的建设及验收工作，提高采集覆盖面，做好台区关口及以下客户电能表和专线客户的采集工作。

（九）负责计量装置的安装和故障处理工作，做好装、拆、换计量装置工作质量管理。

第十三条　市（县）农电公司

（一）负责进行本辖区线损相关报表的统计分析工作，负责按要求做好分台区线损分析材料的整理、上报、下发工作。

（二）负责将台区线损考核指标进行分解到各供电所，制订考核细则。

（三）负责对各供电所管理线损的考核、监督、汇总、上报工作。

（四）负责合理安排台区及以下客户的抄表例日，严格固定抄表周期和例日，保证抄表质量，有效降低线损波动。

（五）负责定期组织各供电所开展高损耗、高波动台区的检查工作，形成书面检查报告，提出考核意见并上报。

第十四条　供电所

（一）负责本单位分台区核查和动态维护工作，确保变户关系准确性。

（二）负责开展农村反窃电活动，降低管理线损，定期开展高损台区的用电检查，严厉打击窃电行为。

（三）负责定期开展分台区线损管理工作，重点开展高损（异常）台区的核查，制订有效措施，常态做好降损工作。

第三章　关口管理

第十五条　台区关口和专线客户应计量装置安装齐全、具备远程监控和采集功能，电能计量准确。

第十六条　台区以下所有客户和专线客户表箱和计量装置完整，且满足密闭加封条件，采集全覆盖，一次抄表成功率达到 99.9% 以上。

第十七条 台区变户关系清晰准确，设备标识清楚，主要包括以下内容：

（一）台区标识齐全，包括公用变压器编号、公用变压器名称、所属供电线路、台区站位、公用变压器容量等。

（二）台区以下的分支箱（分支点）标识齐全，包括分支箱编号、分支箱电源来源、分支箱分支去向等。

（三）台区以下客户标识齐全，包括客户编号、用电地址等。

第十八条 台区关口的计量装置配置应满足 DL/T 448—2000《电能计量装置技术管理规程》和 DB32/991—2007《电能计量装置配置规范》的规定和要求，并按规定进行现场检验、周期检定（轮换）与抽检。

第十九条 对现有台区关口的计量装置，在对台区线损管理验收时，应检查计量装置接线是否正确，档案资料是否准确齐全。

第二十条 台区关口新增、变更、故障处理等应按照营销业务应用系统要求完成计量装置的检查、验收、装表、送电及信息归档。

第二十一条 台区关口表计由县级及以上单位（含营业部）营销专业班组抄录、确认、维护，台区以下的客户端表计和专线客户表计由本地区供电单位的营销班组按照工作职责划分开展相应工作。

第四章　变户关系管理

第二十二条 城区配电网现有客户的台区变户关系，客户由低压分支箱接入的，由配电运检室提供公用变压器名称及所属低压分支箱出线开关编号，营业与电费室核对低压分支箱出线开关与客户表计的对应关系。客户由架空线接入的，由配电运检室提供公用变压器名称及接入杆号，营业与电费室核对接入杆号与客户表计的对应关系。

第二十三条 农村配电网现有客户的台区变户关系，由供电所负责核定变户关系，并在营销业务应用系统中建立对应关系。

第二十四条 新装、增容客户由低压用电检查人员在业扩报装时确定台区变户关系。

第二十五条 台区关口新增或变更引起变户关系变化时，台区设备责任人应及时维护现场台区设备标识，并通知低压用电检查人员，现场重新核实变户关系，及时变更营销档案。专线客户线变关系由高压用电检查员定期现场核查，及时变更营销档案。

第二十六条 充分利用技术手段，常态开展变户关系检测核实，确保台区变户关系的准确性。

第二十七条 通过营配集成、营销业务应用系统与省市县一体化用电信息采集系统建立交互接口，实现档案、数据的共享和自动触发工作流实现档案关联同步，确保档案信息准确。

第五章 用电信息采集建设管理

第二十八条 以省公司用电信息采集系统建设总体任务为导向，按照全覆盖、全采集的要求，全面开展台区线损在线监测管理工作。

第二十九条 根据建设任务和采集客户的覆盖情况，梳理未建台区关口考核计量点的安装与采集情况，分批制订实施台区用电信息采集系统建设计划。

第三十条 台区以下客户中，已实现采集功能的台区关口应优先安装用电信息采集装置，未实现采集功能的台区关口用电信息采集系统建设应与客户用电信息采集建设同步进行。

第三十一条 已安装用电信息采集装置的台区应在用电信息采集系统中建立台区关口档案，档案信息与营销业务应用系统保持一致。

第三十二条 已安装用电信息采集装置的台区，用电信息采集系统从营销业务应用系统中同步台区关口和台区以下客户的对应关系，并确保一致。

第三十三条 对已采集全覆盖的台区，应提高采集成功率，开展台区线损在线监测，并在营销业务应用系统中同步开展台区线损统计工作。

第三十四条　对新增台区应在台区投运前完成采集装置安装应用。台区以下新增低压客户，应结合业扩工程同步建设用电信息采集系统。

第六章　台区线损指标管理

第三十五条　建立台区线损管理指标体系，台区线损管理指标包括台区线损率和综合管理两个指标，其中台区综合管理为考核指标，并纳入同业对标体系。

第三十六条　台区线损率分为台区统计线损率、台区在线线损监测率和台区理论线损率。三种统计方式如下：

（一）台区统计线损率是应用营销业务应用系统建立台区关口和台区以下客户的变户关系，按抄表周期统计关口供电量和台区以下所有客户的售电量，计算出台区统计线损率。

（二）台区在线线损监测率是应用用电信息采集系统建立台区关口和台区以下客户的变户关系，可按日、周和日历月采集计算台区关口供电量和台区以下所有客户（以营销系统变户关系和倍率为基础）的用电量，计算出台区的实时线损率。

（三）台区理论线损率是根据台区设备参数和电网运行实测数据，对台区管辖配电网络进行理论损耗的计算，一般采用电压损失率法、等值电阻法、支路电流法在典型负荷日逐台计算台区的技术线损率。

第三十七条　坚持定量分析与定性分析相结合、以定量分析为主的原则，常态开展线损率指标管理工作。以台区理论线损率为标杆对台区开展在线线损异常监控，暂时不具备理论计算条件的台区设定在线线损监控阈值并以年为周期实施动态调整。

第三十八条　配电网稳定运行状况下，台区统计线损率和台区在线线损监测率应基本相同，月度差异值不超过 1.0%，年度差异值不超过 0.3%。

第三十九条　两台及以上变压器低压侧并联，或低压联络开关并联运行的，可将所有并联运行变压器组合。变压器组的关口电量为组内所有台区的关口电量之和，变压器组的用电量为组内全部台区以下的所有用户用电量之和。

第四十条　台区综合管理指标由用电信息采集系统台区在线线损指标、营销业务应用系统台区统计线损指标和台区理论线损率差异值指标三部分组成，具体评价方法另作规定。

第七章　线损监测与统计分析

第四十一条　完善营销业务应用系统和用电信息采集系统，实现台区和专线客户线损自动统计、分析、展现功能。

第四十二条　对已投入运行的台区和专线客户，由用电信息采集系统召测每日零点台区关口及台区以下客户、线路关口及专线客户日用电量，再计算当日在线线损监测率，开展线损日常分析和异常排查整治工作。

第四十三条　每月监测用电信息采集系统内的分台区在线线损统计指标，对线损率较高以及月度波动较大的台区必须进行重点分析，现场排查是否存在窃电、表计故障、错抄漏抄等现象，形成相应报告。

第四十四条　对台区以下采集失败的客户，加大消缺力度，提高采集覆盖率和采集成功率。因采集成功率影响台区线损时，责任班组应在消缺后重新召测数据并计算在线线损率。

第四十五条　合理安排台区关口和台区以下客户抄表例日，原则上两者抄表例日应安排在同一天，最多相差不能超过2天。抄表例日确定后不得随意调整，大范围调整抄表例日时应会同线损管理归口部门协商确定。

第四十六条　正常抄表工作时应在营销业务应用系统中对台区关口供售电量同步进行抄表核算，统计台区线损率。对于抄表周期为双月的，每月试算，双月分析考核。

第四十七条　安排专人定期核对用电信息采集系统分台区在线线损监测率、营销业务应用系统分台区统计线损率和理论线损率，差异较大时，应进行重点分析，查找原因，并通知相关部门处理。

第八章　监督与考核

第四十八条　各单位按照《江苏省电力公司基层单位业绩考核办法》（苏电人〔2012〕968号）规定，细化本单位分台区线损考核要求，加大分台区线损管理考核力度，确保降损计划目标完成。

第四十九条　公司每月通报全省台区和专线客户线损管理验收及指标完成情况，对用电信息采集系统覆盖率、采集成功率、线损率等，进行季度排名和考核，台区线损综合管理指标纳入同业对标体系。定期组织现场检查、评价台区管理情况，实现全省台区线损的常态化统计、考核机制。

第五十条　严禁对台区线损统计弄虚作假，对于虚报指标、弄虚作假的单位和个人，一经查实，在要求整改的同时将给予处罚，必要时全省通报。

第九章　附　则

第五十一条　各单位依据本实施细则，可结合本地区实际明确内部职责分工，修订完善各单位台区线损管理相关细则。

第五十二条　本实施细则由国网江苏省电力有限公司营销部（农电工作部）负责解释。

第五十三条　本实施细则自颁布之日起执行，原《江苏省电力公司营销（农电）专业台区线损统计分析管理实施细则》（苏电营〔2013〕546号）同时废止。

第二节　江苏省电力公司低压线损管理工作评价办法（苏电营〔2015〕506号）

第一章　总　则

第一条　为落实国家电网公司"集团化运作、集约化发展、精益化管理、标准化建设"的要求，全面推进低压公用台区精益化管理，检验台区管理效果，不断提高配电运检和营销专业低压台区综合管理能力，结合国家电网公司和国网江苏省电力有限公司有关线损管理规章制度，制订本办法。

第二条　本办法所指台区是指设备资产归属电网经营企业所有的400V公用变压器及其供电服务的低压用电区域。

第三条　本办法中所指技术线损是指在电能传送过程中，当前低压台区电网结构各元件在运行过程中客观存在的电能损耗；管理线损是指统计期间内抄表不同期、计量误差、窃电、变户关系不清、设备接触不良等管理疏漏导致的电量损失。

第四条　低压公用台区线损管理评价工作遵循实事求是、客观公正、严格管理、讲求实效的原则，确保评价工作的严肃性和科学性。

第五条　本办法规定了对技术线损管理和管理线损管理工作的计算和评价标准，旨在推动基层单位科学合理地开展低压公用台区线损精益化管理工作，优化完善业务管理流程，合理安排电网改造项目，切实达到降损增效的目的。

第六条　本办法适用于国网江苏省电力有限公司营销（农电）管理、运维检修配电专业各级部门和各级单位。

第二章　技术线损计算方法

第七条　低压台区技术线损组成

（1）0.4kV 低压电力线路线损。

（2）漏电保护器、交流接触器、并联电容器、电抗器、调相机、站用设备、互感器、电能表、采集器等设备损耗。

第八条　低压台区的技术线损计算方法

低压台区技术线损计算方法可采取典型台区抽样代表法、电压损失率法、等值电阻法、支路电流法。

第九条　对低压台区网络拓扑结构清晰、电力元件参数齐全的，采用电压损失率法、等值电阻法、支路电流法逐台计算技术线损率。否则，按台区性质、负载情况等特征对台区进行分类，并选择管理规范无管理线损的典型台区，按典型台区抽样代表法计算技术线损率。省公司营销部每年进行抽检，发现分类、选型、拓扑、参数错误，存在弄虚作假现象的，予以通报批评，并在低压台区线损管理评价中，予以减分处理。

第三章　管理线损计算方法

第十条　低压台区管理线损率，定义为统计线损率与技术线损率之差。

第十一条　统计线损率通过用电采集系统、营销系统计算，两者差异较大的，应通过系统分析辅以人工判断，查明原因，取两者中更为可信的统计数值。

第十二条　对管理线损率进行分析时，首先考虑下列因素。

（1）对关口计量装置用校验证实的实际误差进行电量调整。

（2）考虑售电量中漏计或多计的电量（包括自用电、不装表用电、用户窃电追补的电量等）。

（3）考虑因供售电量抄表不同期而少计或多计的电量。

（4）考虑理论计算中不列入损耗归用户的损耗电量。

第十三条 考虑上述因素后，统计线损率和理论线损率应基本一致，两者之差的绝对值不应超过 1%，否则开展电能损耗分析，进一步鉴定网络结构和运行的合理性、供电管理的科学性，找出设备管理、计量装置性能、用电管理、运行方式、理论计算、抄收统计等方面存在的问题，采取针对性降损措施。

第十四条 省公司对各单位低压台区管理线损达标总体情况，以及台区管理线损超标整治工作成效，进行评价与考核。

第四章 技术线损精细化计算分级管理

第十五条 技术线损精细化是指电网拓扑关系完整准确、线路设备参数真实完备、运行数据监测及时可靠。包括台区的低压线路接线图始端为台区总表，末端为计量表箱，并标明低压主干线、支线和接户线的相序、导线型号、长度，计量表箱和计量表计对应关系应准确无误，台区总表具备读取有功、无功电量、电流、电压、功率因数功能。

第十六条 根据参与精细化技术线损测算低压台区占本单位全部公用台区数的比重，将技术线损计算管理级别分为三级。

一级：精细化技术线损测算台区比重小于30%。

二级：精细化技术线损测算台区比重大于30%，小于95%。

三级：精细化技术线损测算台区比重大于95%。

第十七条 省公司每年组织台区技术线损精细化管理评级工作，各单位根据要求，上报技术线损精细化管理定级申请资料。

第十八条 对维持原技术线损精细化管理级别不变的单位，省公司每年组织技术线损精细化管理级别复审工作。

第十九条 评级和复审工作，应在参与精细化管理的台区中，随机抽取

10%~50%的台区（不小于10台），对台区资料的准确性进行现场检查评分。准确性低于90%的，对评级单位不予审查通过，对复审单位做降级处理。

第五章 评价方法

第二十条 为提高线损管理水平，定期检查各基层单位线损管理工作开展情况。省公司营销部组织实施低压台区线损管理评价，运检部配合开展。

第二十一条 坚持定量分析与定性分析相结合、以定量分析为主的原则，充分利用理论线损计算、管理线损统计、精细化技术线损评级等科学分析手段，常态开展低压台区线损管理评价工作，评价线损超标分析和整治工作成效。

第二十二条 评价过程

（1）省公司营销部组织基层单位对照低压台区精细化管理的要求，及时在系统中标记可参与精细化技术线损计算的台区，同级运检部配合开展。

（2）省公司营销部组织地市公司营销部开展台区理论线损计算工作。对参与精细化技术线损计算的台区，选用电压损失法、等值电阻法、支路电流法，每月自动计算其技术线损率；对不参与精细化技术线损计算的台区，每年采用典型台区抽样代表法，计算该类台区技术线损率。

（3）地市公司营销部依据统计线损率、技术线损率，计算管理线损率，分析管理线损超标原因，组织实施超标整改工作。线损超标与技术线损有关的，按季度向上级营销部、同级运检部反馈。

（4）省公司营销部每季度对管理线损工作情况进行统计，并组织抽查，对线损管理工作进行评价打分，运检部配合开展。

第二十三条 低压线损评价分为指标评价和事件评价两部分，年度评价结果纳入同业对标体系。

（1）指标按季度统计，年度指标取季度指标的加权平均值。

（2）省公司统筹安排对基层单位进行事件检查，目的在于强化基础管理，防止弄虚作假，检查结果即时通报，纳入年度评价。

第六章 监督和考核

第二十四条 各单位按照《江苏省电力公司基层单位业绩考核办法》（苏电人〔2012〕968号）规定，可制订各单位台区线损管理评价工作实施方案，细化本单位分台区线损考核要求，加大分台区线损管理力度，确保降损计划目标完成。

第二十五条 各单位严格开展台区线损评价所需数据项的收集和整理工作，严禁对台区管理评价工作弄虚作假，对于虚报指标、弄虚作假的单位和个人，一经查实，在要求整改的同时将给予处罚，并全省通报。

第七章 附 则

第二十六条 低压技术降损工作由运检部根据省公司相关技术降损管理规定开展。

第二十七条 本办法由国网江苏省电力有限公司营销部（农电工作部）负责解释。

第二十八条 本规范自发布之日起执行。

第三节 国网江苏省电力公司营销部（农电工作部）关于进一步加强营销专业线损管理工作的通知（电营〔2016〕32号）

一、加强台区同期线损统计分析工作

1. 加快营配调数据采录贯通

各单位应加快 PMS2.0 数据清理进度，按照"接入点及以上数据以运检侧为准，接入点以下数据以营销侧为准"的原则，运检和营销专业同步开展基础数据采录和治理工作，2016 年 10 月底前完成所有数据采录贯通，构建完整准确的电网拓扑模型，为线损精细化管理提供电网资源数据支撑。

2. 强化用电信息采集系统建设与运维

各单位应加大采集建设查缺补漏力度，确保现场计量装置同步实施、同步调试、同步投运。加强采集运维管理，完善运维监控体系，及时组织采集故障或数据异常的消缺。深化计量装置在线监测，优化计量智能诊断模型，缩短异常发现周期，提高计量故障自动判断、快速抢修能力，确保台区线损在线监测电量数据完整和准确。低压用户采集覆盖率不低于 99.9%，采集成功率不低于99.5%；公用变压器采集覆盖率为 100%，采集成功率不低于 99.5%。

3. 加强台区月度同期线损统计分析

地市公司应按月分析台区同期线损和管理降损情况，根据营销相关系统的线损统计报表，按要求报送月度分析报告。地市公司报告次月 3 日前报省

公司营销部。省客服中心技术支持室应按月分析全省台区同期线损和管理降损情况，完成月度分析报告；通过省营销分析与辅助决策系统生成线损统计报表。报表次月 2 日前、报告次月 5 日前报国网营销部。

4. 实施异常线损预警督办管理

省客服中心技术支持室应开展台区同期线损监测和异常分析预警工作，在省营销业务管理平台应用台区线损异常分析督办功能，按需设置预警频度（日、多日、周等）、触发条件，满足精准治理需要。督办工单到台区线损责任人，实现工单流转的闭环销号管控。各单位原则上应在 7 个工作日内完成治理，排查、治理不到位的，或"治理"造假的，追溯责任，纳入考核。

二、落实台区线损精益管控措施

1. 加快台区线损达标治理

各单位应以线损精益化管理为抓手完善内控机制，加快整治台区线损异常问题，从台区档案、采集建设、运维管理、用电检查、营配信息集成和营销 GIS 应用系统 ❶ 等多角度挖掘问题，堵塞跑冒滴漏。重点加大对长期高损台区的整治和考核力度，年底前要完成台区在线线损达标目标 99.5%。

2. 加强营销线损专业管控

各单位应常态开展线损专业质量管控，充分发挥线损为"校验器"的作用，开展有针对性的线损质量管控工作，提升计量、营业、电费等专业工作质量。加大问题整改力度，对问题台区专项分析，查清原因，举一反三，对涉及量价费的违规问题，要严肃追究责任。各专业应协同配合，对线损管控

---

❶ 营销 GIS 应用系统指供电企业的电力设备、变电站、输配电网络、电力用户与电力负荷和生产及管理等核心业务连接形成电力信息化的生产管理综合信息系统，包含各类设备和用户的地理信息。

主题涉及多个专业的，由线损管理人员牵头协调办理，相关专业积极配合。

3. 提升线损异常工单质量

各单位应加强用电信息采集系统线损异常工单流程化管理，建立常态排查、动态治理、跟踪分析的实时监测和闭环处理机制，全过程管控台区线损率监控提升工作进程。台区责任人应负责及时处理线损异常工单并归档，在系统中如实记录整治过程和效果，确保可追溯、可还原。不得缓报、谎报线损异常工单，对工单处理不及时和造假的，将追究有关人员的责任，并对相关单位进行同业对标指标考核。

4. 规范台区线损电量调整

各单位应按照真实还原台区线损率的原则，对营销低压台区统计线损进行电量调整，每月超出限额的在同业对标指标中相应扣分。台区责任人应在系统内规范填写调整原因，并逐级上报上级部门审查，地市公司营销部线损管理专职负责每月编制低压台区电量调整情况报告及汇总明细清单，上报省公司备案。省客服中心技术支持室应定期组织开展台区电量调整督查、抽查和稽查工作。

三、加强专线和中压线损管理

1. 加强线路档案核对

各单位应建立专线和中压线路管理线损管控机制，积极配合运维检修部门开展中压线路站线、线路变压器基础信息准确性核查工作，理清所有双电源用户挂接关系，确保 PMS2.0 系统与现场一致，保证营销信息系统相关数据的准确性。

2. 加强关口管理

各单位应加强变电站内电能表及计量屏、电量采集装置等相关设备的运维管理，确保新建站电量表计的全覆盖、全采集、全平衡。加强公用变压器关口和专用变压器用户计量点的采集运维管理，深化调度电能量采集系统数据分析和应用，加强分线线损在线监测分析研判。

3. 强化反窃电管理

各单位应大力开展反窃电专项行动，建立基于大数据分析的反窃电检查模式，完善反窃电治理长效机制，严厉打击窃电行为。以分线线损为导向，对线损率异常波动线路、高损台区开展重点检查，充分利用营销信息化系统，精准识别高压窃电用户，实现降损堵漏。

第四节　国网盐城供电公司台区线损精益化管理实施方案（盐供电营〔2018〕369 号）

一、方案总则

（一）为加强台区线损精益化管理，全面落实线损分台区统计考核工作，降低盐城地区公用配电变压器线损率，提高公司经营效益，按照线损管理专业分工职责要求，根据国家电网有限公司和国网江苏省电力有限公司有关线损管理规章制度，结合公司工作实际，特制订本实施方案。

（二）本方案所指台区是指设备资产归属电网经营企业所有的 10（20）kV 公用变压器及其供电服务的低压用电区域，可根据实际情况以单台或变压器组（多台变压器）为单位开展线损精益化管理。

（三）台区线损精益化管理是公司线损管理的重要组成部分，台区线损精益化管理应坚持统一领导、分级管理、分工负责、协同合作、真实可控，实现对台区线损的全过程管理。

（四）公司成立台区线损管理领导小组和工作小组。领导小组组长由公司分管营销副总经理担任，成员由营销部、运维检修部、三新供电服务有限公司分管领导组成。工作小组设在营销部，营销部为台区线损归口管理部门，负责全市台区线损的日常管理工作。

（五）台区线损精益化管理，以营销业务应用系统和用电信息采集系统、同期线损管理系统为支撑，按照台区"建设一个、投运一个、监测一个、考核一个"的原则，循序渐进推进台区线损精益化管理。

（六）台区线损管理工作涉及电费、计量、用检、业务、信息等相关营销专业，公司要坚持以指标管控为引领，加强营销各专业基础管理工作，持续改进，不断提高线损管理水平，保证台区线损合格率。

（七）本方案适用于国网盐城供电公司本部及下属各单位。

二、管理职责

（一）台区线损管理领导小组

（1）负责贯彻落实上级公司分台区线损管理要求，制订相关管理办法，组织开展本地区台区线损管理工作。

（2）负责深化完善台区线损管理机构及人员责任分解确定，构建全市台区线损精益化管理网络。

（3）负责审定台区线损计划指标分解、考核方案。

（4）负责协调、解决台区线损精益化管理中跨部门或跨专业的重大问题。

（二）台区线损管理工作小组（营销部）

（1）负责贯彻落实国家电网有限公司和国网江苏省电力有限公司台区线损管理相关要求，制订相应的管理办法，组织开展本地区台区线损管理工作。

（2）负责分解国网江苏省电力有限公司下达的台区线损统计分析管理考核指标，按期统计各供电单位线损指标完成情况并定期进行通报、排名与考核。

（3）负责收集台区线损精益化管理对系统的功能需求，上报上级公司，更好地实现对台区线损的统计和辅助分析。

（4）负责指导基层对营销业务应用系统、用电信息采集系统和同期线损系统线损模块应用，开展线损统计分析及现场稽查工作。

（5）负责定期组织召开台区线损分析会，针对线损管理存在的问题，提出改进意见。

（三）运维检修部（配电运检室）

（1）负责按照公用变压器业务管理办法加强配电网工程中涉及公用变压器新装、变更、拆除等项目管理，确保关口表计（含采集设备）与公用变压器同步投运、同步拆除。及时向营销部门反馈台区新增、变更、退运等信息。

（2）负责台区各类配电网设备标识的现场维护工作。

（3）负责 PMS 系统应用管理，确保系统数据维护及时、准确。

（4）负责提供公用变压器及低压台区相关资料，配合营销部门开展变户关系的核定工作。

（5）配合营销部门做好台区线损分析整改工作。

（四）营业及电费室

（1）负责按计划完成全市台区及以下供售电量的核算和发行工作，提高核算质量，对发现的问题及时转交相关专业整改。

（2）负责市区客户业务档案的搜集、录入工作。

（3）配合做好低压台区线损分析相关工作。

（五）计量室

（1）负责开展市区公用变压器线损统计、分析和日常监控工作，制订有效措施，常态开展降损工作，并对线损工作开展情况提出考核意见并上报营销部。

（2）负责落实专人管理市区公用变压器线损统计、分析及考核工作，确定市区每台公用变压器线损达标责任人。

（3）负责开展市区用电信息采集系统的建设、实用化应用、运行维护和故障消缺工作。牵头组织验收工作，对具备用电信息采集系统在线监测功能的台区，保质保量开展线损在线监测运行，提高采集覆盖率、抄表成功率和数据准确率。

（4）负责市区公用变压器核查和动态维护工作，及时准确为新建台区建户。

（5）负责做好市区公用变压器关口计量装置的安装验收、档案建立和运行维护工作。

（6）负责市区公用变压器关口及各类计量箱标识的现场维护工作，对新增、变更低压供电的市区公用变压器及其低压客户计量箱参数及箱表和户表关系及时维护。

（7）负责开展市区公用变压器及其低压客户的表箱与配电网末端设备关系的现场核查和系统内维护工作，并定期与配电运检室进行变户关系核对和动态维护。

（8）负责合理安排市区公用变压器关口及其低压客户的抄表例日，严格固定抄表周期和例日，提高抄表质量。

（9）负责开展市区营业普查及反窃电工作。

（六）三新供电服务有限公司

（1）负责组织供电所开展线损相关工作。落实专人负责公用变压器线损统计、分析及考核工作，按要求完成辖区内台区线损相关报表的统计分析工作，做好分台区线损分析材料的整理、上报、下发工作。

（2）负责下达供电所台区线损考核指标，制订具体考核方案。

（3）负责对各供电所线损管理工作的指导、培训、考核、监督、汇总、上报工作。

（4）负责所辖区内各供电所农村公用变压器用电信息采集系统建设、运维和应用工作的指导、监督和考核。

（5）负责合理安排所辖区公用变压器关口及其低压客户的抄表例日，严格固定抄表周期和例日，保证抄表质量，有效降低线损波动。

（6）负责定期组织供电所开展高损和频繁波动台区的核查工作。

（7）负责协调所辖区内线损问题的协调工作。

（七）各县级供电公司、盐都供电营业部

（1）县公司营销部、盐都供电营业部营销服务室为本单位台区线损归口管理部门。

（2）贯彻落实省市公司台区线损精益化管理相关要求，制订相应的管理办法，组织开展本地区台区线损管理工作。

（3）完成省、市公司下达的台区线损指标，按上级要求及时上报各类报表、分析和总结。

（4）负责辖区内城网台区线损的日常管控，具体职责分工可参照市区各部门职责由各单位自行制订。

（八）供电所

（1）供电所所长为台区线损精益化管理第一责任人。

（2）负责开展辖区内台区线损的月度统计和日常监控工作，制订有效措施，常态开展降损工作。

（3）负责落实专人负责公用变压器线损统计、分析及考核工作，确定辖区内每台公用变压器线损达标责任人。

（4）负责辖区内分台区核查和动态维护工作，及时准确为新建台区建户。

（5）负责对辖区内新增、变更的公用变压器及其低压客户变、箱、户关系进行确认和维护，科学制订合理的供电方案，加强对客户内部隐蔽工程的中间检查。

（6）负责开展辖区内公用变压器及其低压客户的变、箱、户关系的现场核查和系统内维护工作，并定期与生产部门进行变户关系的核对和动态维护。

（7）负责辖区内公用变压器关口计量装置的安装验收和运行维护工作，负责做好关口电能计量装置技术档案建立和维护工作。

（8）负责辖区内低压用户计量装置和用电信息采集系统、同期线损系统的运行维护和故障消缺工作，提高抄表成功率、数据准确率和故障处理及时率。负责辖区内公用变压器关口及各类计量箱标识的现场维护工作。

（9）负责开展辖区内反窃电活动，降低管理线损，定期开展异常线损台区的用电检查，形成书面检查报告，提出考核意见并上报农电公司。

三、管理内容

（一）基础档案管理

（1）台区关口档案管理。台区考核关口应计量装置安装齐全、具备远程监控和采集功能，电能计量准确。系统中关口档案与现场一致，关口计量点、电能表、互感器、采集终端信息准确完整。关口档案完整率100%、准确率100%。

（2）客户档案管理。台区以下所有客户表箱和计量装置完整，且满足密闭加封条件。客户计量点、电能表、互感器、采集终端信息准确完整。客户档案完整率100%、准确率100%。

（3）电源档案管理。分布式电源的并网点、计量点、电能表容量、互感器、采集终端信息准确完整。计量装置配置合理，计量接线正确，互感器配置应与分布式电源容量相匹配。用电信息采集系统、同期线损系统及时完成分布式电源配置。低压全额上网发电的计量点设置应能满足系统对供售电量取值的要求。

（二）户变关系管理

（1）新增、异动的台区严格按照营配调贯通要求，执行台区、用户、电能表、表箱、接入点的信息录入和关联核对，强化身份编码应用，提升管理水平。加强信息采集与户变档案校对工作，从源头保证新建台区户变关系准确。

（2）充分利用技术手段，常态化开展档案异动统计、核对和分析工作，及时发现并整改档案异动问题，确保户变关系的准确性。

（3）定期检查 PMS 系统、营销业务应用系统线变户关系与用电信息采集系统、同期线损系统数据一致性，确保档案关联同步，档案信息准确。

（三）采集运维管理

（1）确保用电信息采集全覆盖。严把业扩新增客户的计量方案审查和验收，确保新增客户的计量装置与采集接入同步建设、同步运行。对信号不好的区域要制订专项技术解决方案。

（2）提高采集成功率。加强采集异常闭环管理，对采集失败的用户要及时现场处置，特别是月末采集失败的用户，必须优先处置。积极应用高速通信新技术，解决采集系统本地通信瓶颈问题，逐步提高采集性能。提高用户采集成功率，提升电量数据可用率，进一步支撑同期线损统计。

（3）积极应用大数据技术开展线损诊断分析研究。通过用电信息采集系统的全事件采集、计量装置在线监测、事件主动上报等功能，研究线损指标异常诊断模型，提高在线监测效率。研究利用大数据分析方法，实现事件的智能诊断、精准定位，提高线损异常台区的处理效率。

（四）抄表核算管理

（1）实施抄表例日异动监控，严禁随意调整抄表结算例日；优化抄表例日，逐步由双月抄表结算调整为每月抄表结算。建立台区统计线损与在线线损、同期线损比对机制，辅助线损波动分析。

（2）对供电企业生产办公用电、有线电视、网络通信、交通信号灯、短时临时用电等特殊用电客户，要因地制宜，结合实际情况逐步实现装表计量，定比定量用户的电量，要合理纳入线损统计分析。

（五）违约用电、反窃电管理

（1）各单位定期组织开展反窃电检查活动，要建立警企联动工作机制，对有明确线索的案件要联动公安部门做好证据收集。低压客户经理班要将超容用电、窃电等查处列入日常工作范围，建立切实有效的激励机制，有力打击违约、窃电行为，营造良好的供用电环境。

（2）融合计量在线监测、智能诊断、台区线损分析、零电量客户分析，开展疑似窃电预警，优化提升系统窃电自动预警功能。

四、工作机制

（一）逐级建立线损管理责任制。发挥好线损管理的龙头作用。建立横向责任制，将在线监测覆盖范围、户变档案维护准确、计量闭环运维、窃电诊断查处等线损相关工作，按职责分解到各个专业，定期召开线损分析例会，量化评价支撑质量。建立纵向责任制，将台区线损指标分解到一线班组，分解到责任人，逐级制订降损目标，建立激励与目标挂钩机制。

（二）加强线损管理专业协同。线损管理需要跨专业、跨班组协同。各单位应结合低压网格化综合服务试点、"全能型"供电所建设、营配末端融合等工作，因地制宜建立台区线损管理人＋跨专业/跨班组支撑成员组成的线损责任小组，实现台区线损异常的快速、协同处置，提高工作效率。

（三）建立台区线损激励制度。科学合理设置台区责任考核体系，将专业横向协同质量、台区网格化管理质量、责任小组降损目标完成情况纳入激励重点，制订激励制度，设立奖励资金，奖励在线损管理中减少跑冒滴漏、为公司降损增效业绩突出的人员。

（四）建立线损专家团队。各单位要成立由营销、运检、农电骨干组成的高损台区治理攻关组，针对长期高损台区、疑难台区实施联合会诊，找出原因，制订措施，集中优势技术力量，解决重点难点问题。要加大对新上台区跟踪力度，各专业要及时建立档案资料，压缩流程时间，尽早完成各系统中的配置工作。建立降损知识库，收集降损经验和措施，梳理典型案例，为线损责任人实施降损工作提供借鉴。定期开展专业知识培训和交流，提高人员素质。

五、监督考核评价

（一）公司台区线损管理工作小组每月组织召开台区线损分析会，通报全市各单位台区线损指标完成情况，如在线合格率、高损台区占比、同期分台区合格率等。通报近期线损动态，分析存在问题，提出改进措施和建议，同时检查往期整改成效，布置下阶段重点工作，确保线损管理质量不断提升。

（二）各单位根据台区线损统计分析管理职责，结合各自工作实际和内部分工，制订台区线损精益化管理实施方案和考核办法。

（三）严禁对台区线损统计弄虚作假，对于虚报指标、弄虚作假的单位和个人，一经查实，在要求整改的同时将视情况通报或给予经济处罚。

（四）台区线损精益化管理评价重点围绕《国家电网公司关于实施台区线损精益化管理的意见》（国家电网营销〔2018〕98 号）文件核心要求和《国家电网有限公司台区线损精益化管理评价细则（试行稿）》（营销计量〔2018〕41 号）文件评价标准，从关键指标、基础管理、过程管控、支撑保障四个方面对台区线损精益化管理水平进行评价，重点突出台区线损基础管理和过程管控。

（五）按国网江苏省电力有限公司 2018 年营销线损管理评价指标体系，分析统计线损指标，并纳入公司月度绩效考核和同业对标考核。

营销线损管理评价指标 = 低压分台区在线线损指标 ×0.38+

低压分台区统计线损指标 ×0.19+ 低压分台区同期线损指标 ×

0.38+ 专线线损指标 ×0.05− 低压分台区线损差异率指标 ×0.02

1. 低压分台区在线线损指标

在线线损指标 = 单台在线线损率合格指标 ×0.6+

线损异常处理规范度指标 ×0.1+ 理论线损率计算指标 ×

0.05+ 台区线损率优化提升指标 ×0.25− 在线高损台区指标 ×0.35

对应名词解释：

（1）单台在线线损率合格指标 = 城网单台在线合格率 ×0.7+ 农网单台在线合格率 ×0.3。

单台在线合格率 =（线损率在 –1%~5% 区间的台区数）/（运行公用变压器总数 –1 个月内新上不合格台区数），每月取日数值计算平均值。

（2）线损异常处理规范度指标 = 工作单下达率 ×0.4+ 工作单完结率 ×0.6。

工作单下达率 = 台区线损异常分析和闭环处理跟踪工作单下达数 / 工作单总数，工作单由用电信息采集系统根据异常台区判断规则自动生成。

工作单完结率 = 台区线损异常分析和闭环处理跟踪工作单完结数 / 工作单总数 ×0.5+ 工作单完结且线损率合格台区数 / 工作单总数 ×0.5。

（3）理论线损率计算指标 = 开展理论线损值计算的台区数 / 台区总数，大于 0.995，按 1 计。

（4）台区线损率优化提升指标 = 新上台区线损合格指标 ×0.2+ 低损台区提升指标 ×0.8。

新上台区线损合格指标 =1 个月内新上台区合格数 /1 个月内新上台区总数

低损台区指标 = 在线线损合格率低于 4% 台区数 / 台区总数

新上台区的定义为台区在营销系统内关口户档案的送电日期在 1 个月之内，若无关口户档案，判断变压器的实际运行日期在 1 个月之内。

（5）在线高损台区指标 =（2018 年 1 月 1 日前城网运行台区中线损率大于 7% 的台区数 /2018 年 1 月 1 日前城网所有运行台区 ×0.8+2018 年 1 月 1 日后城网新上台区新上一个月后线损率大于 7% 的台区数 /2018 年 1 月 1 日后城网新上台区总数 ×0.2）×0.7+（2018 年 1 月 1 日前农网运行台区中线损率大于 9% 的台区数 /2018 年 1 月 1 日前农网所有运行台区 ×0.8+2018 年 1 月 1 日后农网新上台区新上一个月后线损率大于 9% 的台区数 /2018 年 1 月 1 日后农网新上台区总数 ×0.2）×0.3。

（6）小电量台区作为白名单处理，判断标准按照同期线损考核标准，小电量台区为轻载、空载、备用三种类型，判断标准为供售电量均可计算，且电量值均大于等于 0，小于等于变压器合同容量。

2. 低压分台区统计线损指标

统计线损指标 = 统计线损率合格指标 ×0.8+ 数据规范率指标 ×0.2

（1）统计线损率合格指标 = 城网统计合格率 ×0.7+ 农网统计合格率 ×0.3，统计合格率 = 线损率在 –1%~5% 区间的台区数 /（当月统计台区数 –1 个月内新上不合格台区数）。

（2）数据规范率指标 = 综合线损率指标 ×0.3+ 台区调整和退补电量比率指标 ×0.3+ 考核单元定义准确率指标 ×0.1+ 关口自动化抄表率指标 ×0.3。

其中：综合线损率指标依照营销系统当月统计台区总供电量和售电量计算得到，0 <综合线损率< 5% 且线损率月间波动不大于 1 个百分点，该项指标按 1 计，否则按照 –1 计，市区本部及营业部的综合线损率出现负值，市公司该项指标按 –1 计。

台区调整和退补电量比率指标 =1–（调整电量台区数 + 关口退补电量台区数）/ 当月统计台区数，大于 0.98，按 1 计，大于 0.96 小于 0.98，按 0.5 计，小于 0.96，按 0 计，发现虚假调整的，按 –1 计。

考核单元定义准确率指标 =（考核单元数 / 台区总数）×0.5+

（定义责任人台区数 / 台区总数）×0.5

关口自动化抄表率指标 = 关口自动化抄表台区数 / 当月统计台区数

（3）统计线损中组合台区判断标准：单个组合考核单元中组合台区不超过两个；组合台区 GIS 定位距离不超过 500m；台区所属线路不超过两条。

3. 低压分台区同期线损指标

低压分台区同期线损指标 =0.7× 日台区同期线损平均合格率 +0.3×

（月线损率达标的台区对应的配电变压器数量 +

白名单审核通过的台区数量）/ 配电变压器档案数量 ×100%

（1）轻载、空载、备用通过系统白名单报备。

（2）日台区同期线损平均合格率 =Σ（日同期线损合格台区对应的配电变压器数 + 白名单审核通过的台区数量）/（配电变压器档案数量 × 当月天数）。

其中：日同期线损在 0~12%（含）间为合格；月同期线损在 0~10%（含）为合格。

4. 专线线损指标值

专线线损指标值 = 月度线损率在 −1%~4% 区间专线数 / 专线总数，考虑小电量白名单机制，线损率取自用电信息采集系统。

小电量专线线损合格判断标准：

（1）供电量大于 0 且用户不用电、售电量等于 0，这种由于纯线路损耗造成的线损率为 100% 的情况，若供电量 ≤（0.002 × 供电关口表倍率），则认定专线线损合格。

（2）若 | 关口供电量 − 用户售电量 | <（0.01 × 用户表倍率 +0.002 × 供电关口表倍率），则认定专线线损合格。

（3）对于暂停用户，如果用户全容量暂停，运行容量为 0，认定该专线合格。

对于因用户停运，售电侧无法抄表，供电量为 0 时，可申请将专线统计为非运行状态。

5. 低压分台区线损差异率指标

低压分台区线损差异率指标 = 统计线损与在线月线损比对差值超过 ±2% 的台区数 / 营销系统当月统计台区数 ×0.4+ 在线线损与同期日线损比对差值超过 ±2% 的台区数 / 台区总数 ×0.5+ 在线线损和理论线损值差值超过 ±2%

的台区数 / 台区总数 ×0.1。

6. 加减分项

（1）扣分项：台区线损专业分析、报表、总结不及时、不完整、不明确，每次按 0.1 计；报送数据弄虚作假的，每发现一次按 0.1 计；未按省市公司要求开展工作，重要工作的完成质量不满足要求，每次按 0.1 计；经省市公司抽查，每发现一个台区基础档案错误的，每次按 0.1 计。

（2）年度加分项：建立高效的台区线损治理体系，经市公司确认，加 0.2；提出线损方面专业管理创新，经市公司认定并推广的，加 0.2；线损宣传报道，经市公司确认，加 0.2。

注明：半年度指标值为 5 月份和 6 月份指标累计，各占 50%。

年度指标值为半年度和 7~12 月份指标值累计，计算公式 =（半年度指标 + $\sum i$ 月份指标）×0.1+（11 月份指标 +12 月份指标）×0.25，i=7~10。

六、方案附则

（一）本方案由国网盐城供电公司营销部负责解释。

（二）各单位应制订相应的实施方案，报市公司营销部备案。

（三）本方案自颁发之日起执行。

CHAPTER
THREE

第三章
台区线损异常原因及症状

低压线损
精益化管理实务

第一节 高损

高损台区是指在某一统计期内台区线损率超过指标要求的异常台区，主要表现为长期高损和突发高损两种情况。

一、长期高损

长期高损台区是指在一较长统计期内线损率超过指标要求的异常台区。主要原因有档案错误、计量设备故障、采集异常、长期窃电等原因。

1. 台户关系不对应导致长期高损

营销档案用户数量与现场实际用户数量不相符，导致用户电能表存在跨台区、串台区用电（现场实际挂接在 A 台区用电的用户，营销系统挂接到 B 台区，导致 A 台区少计用电量），造成抄表失败或电量统计错误，台区呈现高损情况。

2. 业务系统基础档案信息与现场不一致导致长期高损

营销或采集系统台区下档案信息与现场不同步，档案信息更新滞后于现场电能表变更情况，造成用电量少计，台区呈现高损情况。

3. 业务系统内电能表倍率与现场不符导致长期高损

营销系统、采集系统台区下电能表倍率与实际倍率不相符，台区呈现高损情况。

4. 用户电能表采集失败导致长期高损

台区下部分用户电能表电量数据采集失败，采集成功率仍能够达到98%时，采集系统会使用不完整数据或补全数据进行线损计算，会造成台区线损计算少计用电量，台区呈现高损情况。

5. 台区采集设备参数设置错误导致台区长期高损

采集系统中，台区下的表计参数设置错误而导致用户电能表数据采集失败，造成电量统计与实际存在偏差，台区呈现高损情况。

6. 采集设备故障导致长期高损

台区下集中器与模块不匹配或发生故障，造成台区用电量无法被正确统计，台区呈现高损情况。

7. 光伏发电用户用电量采集错误导致长期高损

台区下接光伏发电用户，由于光伏发电用户用电量未能正确采集，造成台区用电量统计错误，台区呈现高损情况。

8. 总表与用户电能表电量不同期导致长期高损

台区下台区总表电量采集正常，但用户电能表时钟出现超差，导致用户电能表提前冻结电能示值，造成供、用电量不同期，台区呈现高损情况。

9. 用户电能表故障导致长期高损

台区下用户电能表出现烧毁、误差超差等故障，造成用电量少计，台区呈现高损情况。

10. 用户互感器故障导致长期高损

用户互感器因外力破坏、长时间运行等原因出现故障，造成台区用电量少计，台区呈现高损情况。

11. 电能表倍率错误导致高损

台区下总表、用户电能表互感器实测倍率与铭牌不符，造成电量统计错误，台区呈现高损情况。

12. 互感器配置不合理导致长期高损

台区下用户互感器配置与现场用电负荷不匹配，造成现场计量不准确，进而引起用电量统计错误，台区呈现高损情况。

13. 电能表超容导致长期高损

台区下表计发生超容用电，实际发生电量不计入统计，造成用电量少计，台区呈现高损情况 [电能表超容指用电量超过"变压器（用户）容量 ×24×2× 天数"的阈值，用户状态为电能表超容]。

14. 电能表接线错误导致长期高损

台区所属用户电能表因人为工作差错等原因导致接线错误，造成用电量少计，台区呈现高损情况。

15. 用电设施老旧导致长期高损

树枝、围墙等长时间与裸露配电线路接触摩擦发生漏电，或断续接触裸露配电线路发生漏电，造成供电量损耗，台区呈现高损情况。

16. 用户窃电导致长期高损

由于用户私自在供电企业配电线路上接线用电或绕越计量装置用电等，造成台区用电量少计，台区呈现高损情况。

17. 台区供电半径过大导致长期高损

台区内用户物理分布过于分散，供电半径远超 500m，造成台区配电线路损耗过大，出现台区长期高损情况。

18. 三相负荷不平衡导致长期高损

台区三相负荷分配不均匀，进而导致台区配电变压器三相电流不平衡，配电变压器损耗增大，造成台区高损。

19. 台区配电变压器功率因数低导致长期高损

台区内无功补偿不足、设备老化或大马拉小车引起功率因数低，台区有功损耗大，台区呈现高损情况。

二、突发高损

突发高损台区是指台区线损率一直保持平稳，日线损率突然发生较大升幅且持续时间在 3 天以上的台区。

1. 新增、变更用户引起台户关系不对应导致突发高损

营销档案新增、变更用户数量与现场实际新增、变更用户数量不相符，导致用户电能表存在跨台区用电，造成抄表失败或电量统计错误，台区呈现突发高损情况。

2. 业务系统新增、变更用户档案信息导致突发高损

营销或采集系统台区下新增、变更用户档案信息与现场不同步，档案信息更新滞后于现场表计变更情况，造成用电量少计，台区呈现突发高损情况。

3. 业务系统内变更电能表倍率导致突发高损

营销系统、采集系统台区下电能表（含台区总表计和用户电能表）倍率与新增、更换互感器实际倍率不相符，台区呈现突发高损情况。

4. 新增、变更光伏发电用户档案错误导致突发高损

新增、变更光伏发电用户的档案，导致与现场电能表接线不一致，造成台区用电量未能正确统计及计算，台区呈现突发高损情况。

5. 用电量采集失败导致突发高损

台区用户电能表采集成功率低于98%，造成用电量统计不完整导致台区突发高损。

6. 新增、变更用户采集档案错误导致突发高损

新增、变更采集系统台区下的参数设置，由于设置错误而引发用户电能表采集失败，使得电量统计错误，导致台区突发高损。

7. 采集设备突然故障导致突发高损

集中器或载波模块突然故障，表计采集失败，致使用户电能表用电量无法被正确统计，导致台区突发高损。

8. 电能表时钟超差导致突发高损

突发台区总表、一定数量的用户电能表时钟出现超差情况，造成供、用

电量不同期，台区呈现突发高损情况。

9. 用户电能表故障导致突发高损

用户电能表因外力、自然损坏等原因出现故障，导致少计量或不计量用户用电量，出现台区突发高损。

10. 用户互感器故障导致突发高损

用户互感器损坏，无法满足计量要求，引起用户用电量无法统计，出现台区突发高损。

11. 新增、变更互感器倍率错误导致突发高损

新增、变更用户的互感器实际倍率与互感器铭牌标注不一致，导致更换或新装后的互感器实际倍率大于铭牌标注的倍率，导致台区突然高损。

12. 新增、变更互感器配置不合理导致突发高损

新装或更换后的互感器配置不合理会导致用电量计量失准。用户互感器配置过小，用户用电负荷突然增加时，互感器过负荷会引起电能表少计电量；用户互感器配置过大，流过电能表的实际电流小于电能表的启动电流值，造成电量计量误差，导致台区突发高损。

13. 电能表超容导致突发高损

新增、变更电能表超容引起采集系统将该用户电量视同错误数据，在计算环节予以过滤，导致其表计电量将无法计入台区用电量中，台区突发高损。

14. 电能表错接线导致突发高损

新装、变更用户的电能表错接线，导致电量漏计造成高损。如互感器电

流、电压二次接线不同相；进出线反接，电量被计入反向等，导致台区突发高损。

15. 新增无表临时用电户导致突发高损

新增无表临时用电，致使临时用电量无法计入总表电量，而不能由采集系统计入台区用电量中，导致台区突发高损。

16. 恶劣天气影响导致突发高损

短时恶劣天气造成台区下配电线路与邻近设备接触，引发漏电情况，导致台区突发高损。

17. 用户窃电导致突发高损

用户在供电企业配电线路上短时接线窃电、隐蔽窃电，未能在统计周期内发现和追补，造成台区用电量少计，导致台区突发高损。

18. 台区低压侧存在互供导致突发高损

为保证用户正常供电，在配电变压器故障或特殊用电时期，两个相邻台区在低压侧存在相互供电的情况且未能在系统中予以合理区分或更新档案信息，导致其中一个台区会出现突发高损情况。

三、高损台区分析流程

1. 分析流程图

（1）长期高损分析流程图如图 3-1 所示。

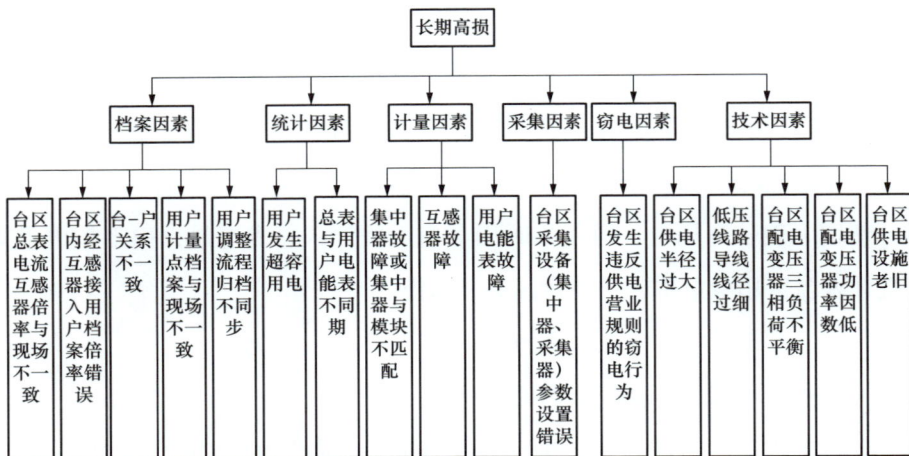

图3-1　长期高损分析流程图

（2）突发高损分析流程图如图3-2所示。

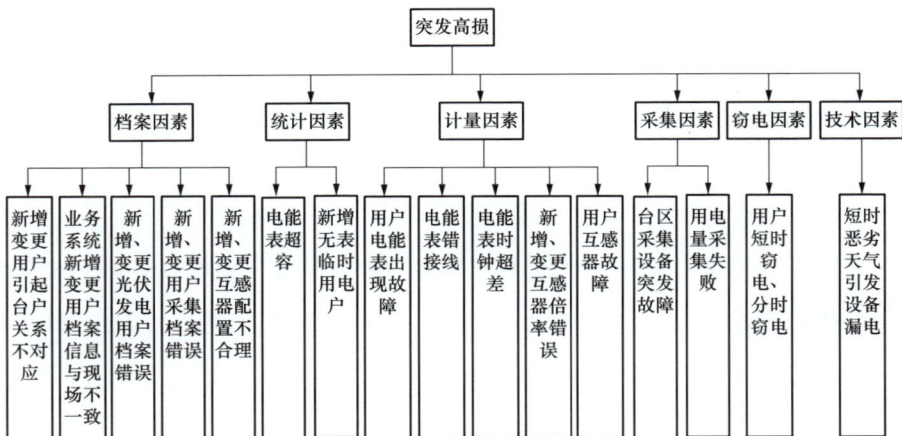

图3-2　突发高损分析流程图

2.具体问题分析

（1）分析业务系统内档案正确性情况。

1）营销档案用户数量与现场实际用户数量不相符，导致用户电能表存在跨台区，造成抄表失败或电量统计错误，台区供、用电量关系不对应，出现台区高损。

2）营销系统、采集系统台区下档案信息与现场不同步，如营销系统档案信息滞后于现场表计变更情况，系统档案未及时更新使得电量统计失败，导致台区高损；采集系统未及时完成调试，使采集系统与营销系统档案不同步，导致电量统计失败而台区高损。

3）营销系统、采集系统台区下表计（含台区总表计和用户电能表）倍率与实际倍率不相符，如营销业务系统或采集系统存在表计倍率与现场互感器铭牌不符情况；台区总表电流互感器系统录入的倍率大于现场实际的电能表倍率导致台区高损；用户电能表电流互感器系统录入的倍率小于现场实际的电能表倍率同样导致台区高损。

4）光伏发电用户的档案错误造成光伏台区电量未能正确统计及计算导致台区高损。

（2）分析采集数据异常情况。

1）台区内用户电能表采集失败，造成用电量统计不完整，出现台区高损。

2）采集系统台区下的集中器或采集器参数设置错误而引发用户电能表采集失败，使得电量统计差错导致台区高损。

3）集中器模块故障，致使用户电能表用电量无法采集，用电量不能正确统计，导致台区高损。

4）核查台区下光伏用户是否正常采集（重点核查台区总表反向电量与实际上网电量是否一致）。

5）通过采集系统查询台区总表、用户电能表时钟超差情况并现场复核，如用户电能表的冻结数据早于台区总表冻结时间，造成供电量与用电量不同期而导致台区高损。

（3）分析计量采集设备运行情况。

1）用户电能表出现故障，导致少计量或不计量用户用电量，常见的电能表故障有电能表烧毁、误差超差、电能示值飞走、电能表时钟电池欠压、电能表黑屏或死机等。

2）互感器超期服役、损坏，无法满足计量要求，引起台区总表供电量、用户电能表用电量统计差错，导致台区高损。

3）电能表超容引起用户部分电量无法计入用电量中造成高损。如用电量超过"台区（用户）容量 ×24×2× 天数"的判断阈值，则用电信息采集系统查询用户状态为电能表超容，其表计电量被过滤，无法计入台区用电量中，导致高损。

（4）现场计量装置排查。

1）现场核查电能表倍率。

a）互感器实际倍率与互感器铭牌标注不一致，如用户电能表的互感器实际倍率大于铭牌标注的倍率导致台区高损。

b）计量用互感器倍率配置不合理会导致用电量计量失准。互感器倍率配置过小，在用户负荷过大时会引起电能表少计电量；互感器倍率配置过大，二次回路电流将小于电能表启动电流值，造成电量误差，导致台区高损。

2）检查计量装置接线。用户电能表错接线，漏计电量造成高损。用户电能表错接线一般都会造成少计电量，如互感器电流、电压二次接线不同相；进出线反接，电量被计入反向等。

（5）台区现场管理分析。

1）长期零度户、微电量用户、电量突变用户作为重点核查对象，容易存在窃电、电能表故障、误差超差等现象，影响用电量统计，导致台区高损。

2）台区表箱、台区分支箱、接线盒的锁具封印损坏，容易存在窃电风险，引起漏计用电量。

3）无表临时用电不会损失电量，但所用的电量会计入台区总表电量内，而无法被统计入采集系统的用电量，导致台区高损，影响同期线损率。

4）树线矛盾使台区内线路漏电，导致台区高损。

（6）窃电情况分析。窃电是台区高损的重要原因。用户窃电手段层出不穷，如绕越用户电能表接线、短接电能表进出线、短接互感器二次接线端子、私开封印破坏表内元件等。

（7）技术问题分析。核查线路线径是否过细、线路是否老化、线路接头是否存在虚接、配电变压器三相负荷不平衡、配电变压器功率因数低、台区供电半径过长、大负荷用户位于线路末端等原因造成的台区内传输电量损耗较大，导致台区高损。

第二节　负损

负损台区是指用电信息采集系统统计期内台区线损率小于 0% 的异常台区，主要症状表现为长期负损、小负损、突发负损。

一、长期负损

长期负损台区是指用电信息采集系统连续 7 天台区线损率小于 0% 的异常台区。

1. 台户关系不一致导致长期负损

营销业务系统、采集系统台区所属用户明细与现场实际情况不一致或台区总表、集中器配置与现场不一致，表现为用户用电信息系统台区用电量大于台区供电量，台区呈现负线损症状。

2. 光伏发电用户档案错误导致长期负损

光伏发电用户并网发电后，因档案信息维护错误，用电信息采集系统中用户上网电量未统计到台区供电量中，台区呈现负线损症状。

3. 电能表倍率错误导致长期负损

营销业务系统、采集系统台区总表或用户电能表的倍率与现场实际情况不一致，表现为用户侧互感器系统倍率大于现场实际倍率或台区总表互感器系统倍率小于现场实际倍率、互感器匝数穿错，台区呈现负线损症状。

4. 台区总表接线错误导致长期负损

三相电流线与电压线接线不同相、零线公用、电流出线互串、三相电流互感器互连、电能表三相电流出线互连、电流极性接反、二次电压线虚接，导致表计少计电量，或计错电量。可查询采集系统中台区总表电压、电流的瞬时量，当出现电压缺相、电流失流、功率因数、相位角异常等情况时，需现场检查台区总表接线，表现为进出线及零、火线没有按照计量标准接线方式接线，台区呈现负线损症状。

5. 联合接线盒接线错误导致长期负损

联合接线盒电流连接片连接错误，导致电流短路；联合接线盒本身损坏，或者螺钉长短不适，导致虚接，造成供入电量少计，台区呈现负线损症状。

6. 数据补全不合格导致长期负损

查询采集系统中台区所带用户电量明细，与人工通过此用户期末和期初表底码值计算用户电量不一致，表现为系统统计电量大于人工计算电量；由于在采集系统中存在使用经验算法对未采集到的用户电能表底码进行系统补全，补全过程中会发生补全数据大于现场数据的情况，台区呈现负线损症状。

7. 表计时钟超差导致长期负损

在用户用电信息采集系统中召测电能表时钟，对比电能表时钟与系统时间，表现为供用电量冻结数据不同期，台区总表数据先于用户电能表数据冻结，供电量少计，台区呈现负线损症状。

8. 台区计量装置故障导致长期负损

台区总表、互感器等计量装置故障或烧毁，造成台区供电量无法计量，系统不能正确计算，台区呈现负线损症状。

9. 台区总表前接电导致长期负损

正常用户或临时用电用户在台区总表前接电，导致该部分供电量未计入台区总表，台区呈现负线损症状。

二、小负损

用户用电信息采集系统中统计期内台区线损率在 -1%~0%（不包含线损率为 0 的台区）之间台区。

1. 互感器配置不合理导致小负损

台区变压器运行效率低，表现为台区总表互感器根据变压器容量进行配置，但现场运行负荷达不到配置要求，计量回路电流低于电能表启动电流，采集系统中台区供电量少计，台区呈现负线损症状。

2. 三相负荷不平衡导致小负损

查看用户用电信息采集系统中的配电变压器三相平衡情况，表现为统计期内台区总表某相电流超过额定值达到饱和状态或三相不平衡率远大于标准值（标准值为 15%），台区呈现负线损症状。

3. 台区总表二次负载较大导致小负损

现场检查台区总表，发现接线截面小、装设位置不合理、连接节点松动等现象，引起用户用电信息采集系统台区供电量少计，台区呈现负线损症状。

4. 电能表时钟超差导致小负损

在采集系统中召测电能表时钟，对比电能表时钟与系统时间，表现为供用电量冻结数据不同期，供电量少计（台区总表数据先于用户电能表数据冻结），台区呈现小负线损症状。

三、突发负损

突发负损台区是指用户用电信息采集系统 3 天以上台区线损率小于 0% 的异常台区。

1. 台区总表某相电流、电压异常导致突发负损

查询采集系统中台区总表电流、电压瞬时量，表现为某一日电压缺相、功率因数异常；现场检查台区总表某相电流线或电压线，发现铜铝氧化或接线松动；检查总表接线盒是否存在螺钉松动或接线氧化现象。表现为用户用电信息采集系统中供电量少计，台区呈现负线损症状。

2. 台区总表互感器变更导致突发负损

现场更换台区互感器，倍率发生变化，营销业务系统、采集系统台区电能表倍率未同步更新信息，表现为采集系统中供电量少计，台区呈现负线损症状。

3. 数据补全不合格导致突发负损

查询采集系统中台区所带用户电量明细，与人工通过此用户期末和期初表底码值计算用户电量不一致，表现为系统统计电量大于人工计算电量；由于在采集系统中存在使用经验算法对未采集到的用户电能表底码进行系统补全，补全过程中会发生补全数据大于现场数据的情况，台区呈现负线损症状。

4. 电能表时钟超差导致突发负损

在用户用电信息采集系统中召测电能表时钟，对比电能表时钟与系统时间，表现为供用电量冻结数据不同期，供电量少计（台区总表数据先于用户电能表数据冻结），台区呈现负线损症状。

5. 用户电能表故障导致突发负损

用户电能表因外力或自身损坏等原因出现故障，引发负损，如发生电能表飞走、电能表计量超差等情况。

6. 台区总表故障导致突发负损

台区总表、互感器故障或烧毁，造成台区供电量无法被正确统计，台区呈现负线损症状。

7. 台区总表、联合接线盒接线错误导致突发负损

更换台区总表、联合接线盒发生接线错误，导致电流短路，造成供电量少计，台区呈现负线损症状。

8. 台区下用户档案更新不及时导致突发负损

新增光伏发电用户档案未接入采集、现场低压负荷调整等异动引起营销、采集与现场台区档案不一致，表现为采集系统台区用电量大于台区供电量，台区呈现负线损症状。

9. 台区低压侧存在互供导致突发负损

为保证用户正常供电，在配电变压器故障或特殊用电时期，两个相邻台区在低压侧存在相互供电的情况且未能在系统中予以合理区分或更新档案信息，导致其中一个台区会出现突发负损情况。

四、负损台区分析流程

1. 分析流程图

（1）长期负损分析流程图如图 3-3 所示。

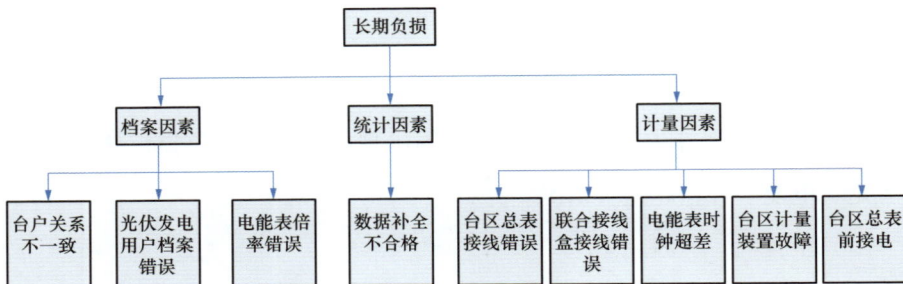

图3-3 长期负损分析流程图

（2）小负损分析流程图如图 3-4 所示。

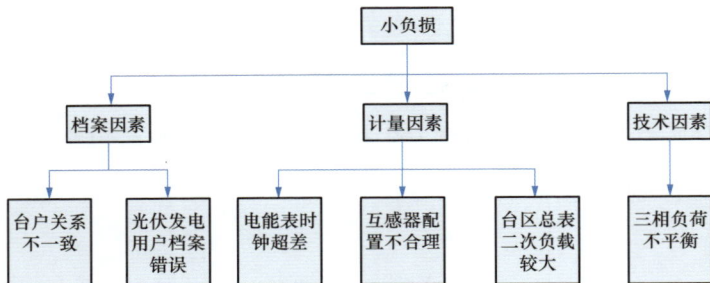

图3-4 小负损分析流程图

（3）突发负损分析流程图如图 3-5 所示。

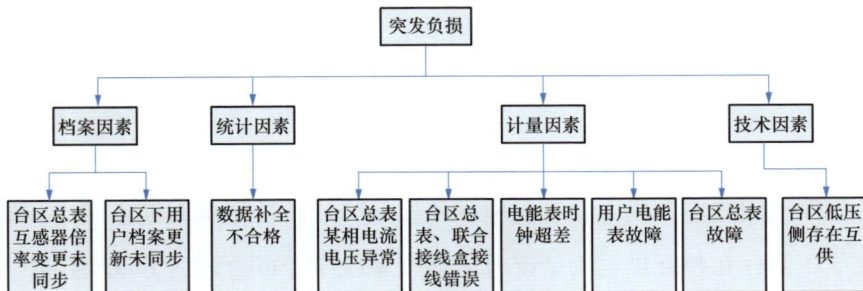

图3-5 突发负损分析流程图

2. 具体问题分析

（1）分析业务系统内台区档案与现场实际差异。

1）核对营销、采集系统台区下电能表（含台区总表和用户电能表）倍率是否与现场实际相符。如营销系统或采集系统存在表计倍率与实际情况不符；台区总表倍率在营销系统录入值小于现场实际倍率；用户电能表倍率在营销系统录入值大于现场实际倍率等。

2）营销自动化系统中台户关系与现场实际不符，台区下用户电能表存在跨台区情况，导致台区用电量多计，台区呈现负损。

（2）分析计量采集设备运行情况。

1）用户电能表故障，导致用户用电量多计。常见电能表故障有电能表烧毁、误差超差、表计飞走、倒走等情况。

2）台区总表接线错误，导致电量漏计。台区总表错接线一般都会造成电量少计。

（3）核查采集数据异常问题。

1）通过用电信息采集系统核查台区采集成功率（主要是用户电能表），汇总采集失败表计明细，分析采集失败表计是否存在数据补全情况；是否存在抄表时间滞后于系统取数时间造成台区负损。

2）核查台区下光伏用户是否正常采集（重点是台区总表反向电量与实际上网电量是否一致）。

3）通过采集系统查询台区下是否存在表计时钟超差的情况。现场对此类表计进行实地核查，检查电能表是否报错。时钟错误将导致电能表日冻结底码统计错误，台区线损率出现正负交替现象。

（4）技术问题分析。台区总表倍率配置不合理，主要表现在互感器配置过大、三相负荷不平衡、台区总表二次负载过大等原因造成台区供电量少计，台区出现负损。

第三节　线损不可计算

不可计算线损台区指用电信息采集系统统计期内台区线损率为 0% 或空。主要症状表现为供电量为零或为空值、供用电量都为零或为空值。

一、供电量为零或空值

供电量为零或空值的台区是指用电信息采集系统台区某一日供电量为零或空值，无法计算线损的异常台区。

1. 台区档案异常导致线损不可计算

营销系统台区档案信息变更后，用电信息采集系统调试工单未按时归档，表现为用电信息采集系统台区无供电量数据，台区呈现线损率为空的不可计算症状。

2. 新建台区系统档案与现场不一致导致线损不可计算

新建台区营销系统立档时间过早，而现场用户未投用或投用后未带负荷，表现为用电信息系统台区供电量为零或空值，台区呈现线损率为空的不可计算症状。

3. 台区无总表导致线损不可计算

台区无总表且无对应的终端地址和采集点编号，表现为用电信息系统台区供电量为空值，台区呈现线损率为空的不可计算症状。

4. 台区总表计量点主要用途类型选择错误导致线损不可计算

查询用电信息采集系统中台区总表计量点用途为售电侧结算，表现为用电信息采集系统台区供电量为空值，台区呈现线损率为空的不可计算症状。

5. 台区总表参数未下发或下发错误导致线损不可计算

台区集中器内总表参数未下发或下发错误，表现为总表采集失败，采集系统中台区供电量为空值，台区线损呈现不可计算情况。

6. 台区总表起止表底不连续导致线损不可计算

采集系统内台区总表表码采集不连续或起止底码缺失，导致采集系统内台区供电量为空值，台区呈现线损率不可计算症状。

7. 台区总表无冻结表码导致线损不可计算

采集信息系统中发现台区总表无日冻结数据，表现为台区供电量为空值，台区呈现线损率为空的不可计算症状。

8. 台区总表时钟超差导致线损不可计算

在用电信息采集系统中召测表计时钟，台区总表时钟与系统时钟表现为台区供电量为空值，台区呈现线损率为空的不可计算症状。

9. 集中器参数丢失或异常导致线损不可计算

在采集系统中查询终端参数设置，发现集中器中电能表参数设置自动丢失或与采集系统不一致，导致台区用电量为空值，台区线损呈现不可计算情况。

10. SIM 卡不匹配或故障导致线损不可计算

查询设置终端参数，发现集中器的 SIM 卡与 APN 地址、与上行通信模块不匹配、SIM 卡芯片损坏等情况，表现为台区供电量无法采集，系统内供电量为空值，台区呈现线损率为空的不可计算症状。

11. 采集数据异常导致线损不可计算

现场检查集中器模块指示灯闪烁、集中器接线虚接或接头氧化等现象，表现为台区供电量为空值，台区呈现线损率为空的不可计算症状。

12. 集中器冻结数据失败或错误导致线损不可计算

在用电信息采集系统中召测日冻结数据，如无，再透抄电能表日冻结数据，发现日冻结数据透抄成功，台区供电量为空值或错误，台区呈现线损率为空的不可计算症状。

13. 通信信号异常导致线损不可计算

在采集系统召测台区总表日冻结数据，提示超时，发现采集信号存在异常，现场与主站通信不良，导致台区供电量为零或空值，台区线损呈现不可计算状态。

14. 集中器在线但主站显示掉线导致台区线损不可计算

在用电信息采集系统中查询上下线记录，发现现场集中器在线，但主站集中器显示掉线，可能为集中器与主站通信异常或者集中器死机、SIM 卡与上行通信模块不匹配，表现为台区供电量、用电量为零或空值，台区线损呈现不可计算状态。

15. 装置故障或接线错误导致线损不可计算

通过现场排查发现台区总表损坏或接线错误，导致台区供电量为零或空值，台区线损呈现不可算状态。如集中器黑屏或屏幕虽亮但不显示任何信息、联合接线盒三相电流连片均接错导致电流短路或开路等。

16. 台区跨零点停电导致线损不可计算

在采集系统查询集中器上下线记录，发现台区存在跨零点停电，表现为台区数据未采集，供电量、用电量为零或空值，台区线损呈现不可计算状态。

二、用电量为空值

用电量为空值是指采集系统中，台区某一日台区用电量为空值，导致无法计算线损的异常台区。

1. 台区档案与现场存在差异导致线损不可计算

查询用电信息采集系统发现新建台区营销系统立档时间过早，而现场用户未投用或投用后未带负荷，表现为供、用电量为零或空值，台区线损呈现不可计算状态。

2. 台区下无用户电能表导致线损不可计算

查询台区集中器信息，发现台区无用户电能表且无对应的集中器地址和采集点编号，表现为台区用电量为空值，台区线损呈现不可计算状态。

3. 用电量采集失败导致线损不可计算

在采集系统中，查询用电量数据发现表码采集不连续或表码不动、起止底码缺失、集中器载波模块故障等，导致台区用电量为空值，台区线损呈现不可计算状态。

4. 参数设置丢失或异常导致线损不可计算

在采集系统中查询终端参数设置，发现集中器中电能表参数设置自动丢失或与采集系统不一致，导致台区用电量为空值，台区线损呈现不可计算状态。

5. 集中器冻结数据失败或错误导致线损不可计算

在用电信息采集系统召测日冻结数据，发现集中器冻结数据失败或错误，而透抄日冻结数据正常，表现为台区用电量为空值，台区线损呈现不可计算状态。

6. 现场集中器在线但主站显示掉线导致线损不可计算

在采集系统中查询上下线记录，发现现场集中器在线，但主站显示掉线，可能为集中器没有将上线报文传给主站或者集中器死机、SIM 卡与模块不匹配，导致用电量为空值，台区线损呈现不可计算状态。

7. 装置故障或接线错误导致线损不可计算

通过现场排查，发现台区总表或集中器损坏或接线错误，导致台区用电量为空值，台区线损呈现不可计算状态。

8. 台区跨零点停电导致线损不可计算

在采集系统查询集中器上下线记录，发现台区存在跨零点停电，导致台区用电量为空值，台区线损呈现不可计算状态。

9. 上行通信模块不匹配导致线损不可计算

由于天线与集中器虚接、脱落、安装位置存在干扰或者现场损坏形成台区供、用电量数据没有正确上传或没有上传，造成台区线损不可计算。

三、不可计算线损台区分析流程

1. 不可计算线损台区分析流程图

不可计算线损台区分析流程图如图3-6所示。

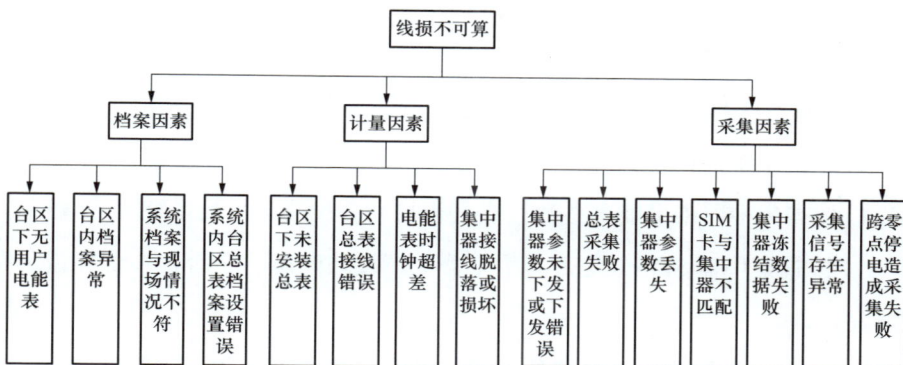

图3-6   不可计算线损台区分析流程图

2. 具体问题分析

（1）分析台区档案。

1）核查营销系统是否存在台区档案信息变更后，采集系统调试工单未按时归档的情况，若确未归档，会导致采集系统内无供、用电量数据，无法计算线损。

2）核查是否存在新增台区营销立档时间与现场用户投用时间不符的情况，若营销业务系统台区设置过早而现场用户未投用或投用后未带负荷均会造成供、用电量为零。

（2）分析计量管理。

1）分析台区总表运行情况。

a）核对台区是否有台区总表和用户电能表档案信息，有无终端地址和采集点编号。

b）台区总表档案计量点主用途类型是否选择错误，计量点主用途类型应选择"台区供电考核"。

c）采集系统内台区总表是否成功下发，如未成功下发，需在采集系统内重新下发参数，并确保下发成功。

d）在有电能表档案的情况下，核对采集系统表码采集情况，查验采集数据是否连续，计算线损取数时是否有电能表起止底码。

e）核查电能表是否有日冻结数据。

f）核查台区总表时钟是否错误，进行台区总表对时。

2）分析集中器运行状况。

a）核查集中器中电能表参数设置是否自动丢失或与采集系统不一致。

b）核查集中器 SIM 卡是否与集中器上行模块匹配、是否存在烧坏或欠费等情况。

c）核查集中器模块指示灯是否闪烁异常，核查集中器接线是否虚接，或接头氧化造成采集数据异常。

d）核查集中器是否冻结数据失败或错误。

e）采集信号是否存在异常，如信号弱，视情况加装外设天线或信号放大设备。

f）现场集中器在线，但主站显示掉线，主站运维人员进行判断处理。

3）分析电能表数据。

a）核查电能表历史表码，如是否存在长期示值无变化。

b）核查电能表是否有日冻结数据，如无，检查采集通道和电能表模块；如有，则需核对档案或采集关系是否正确。

（3）分析现场管理。

1）核查台区总表或集中器是否损坏，调整错误的接线或更换烧坏的计量装置并同步至营销及采集系统。

2）分析台区所在位置，台区表计采集是否正常，如无信号，造成台区线损不可计算。

3）核查台区总表的端口号；核查连接台区总表和集中器的 485 接线情况（是否存在断路、接线错误、端口损坏等问题导致总表不上线）；核查台区总表是否有日冻结数据，若无，均属于"台区总表采集异常问题"。

4）核查是否存在跨零点停电，避免或减少台区跨零点停电，在停电结束后，及时安排主站人员进行数据补采。

CHAPTER
FOUR

第四章
档案类线损典型案例

低压线损
精益化管理实务

第一节 TA 变比有误

案例 1 关口户现场倍率与系统倍率不一致（一）

案例现象： PMS_ 新城 ××3 号变压器（台区编号：3090102924***）2020 年 3 月 8 日 ~17 日出现持续负损。新城 ××3 号变压器历史线损曲线图如图 4-1 所示。

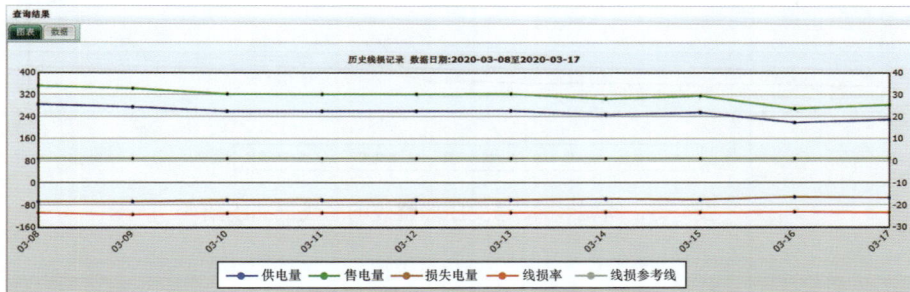

图4-1 新城××3号变压器历史线损曲线图

核查结论： 现场检查该台区关口户 TA 变比为 1500/5，营销系统 TA 变比为 1200/5。计量的供电量比实际小，导致台区出现持续负损。

整改措施： 在营销系统中发起流程，更换 TA 变比为 1500/5，营销系统 TA 更换信息如图 4-2 所示。

整治效果： 该台区自 3 月 18 日起线损率合格，新城 ××3 号变压器整改前后线损曲线图如图 4-3 所示。

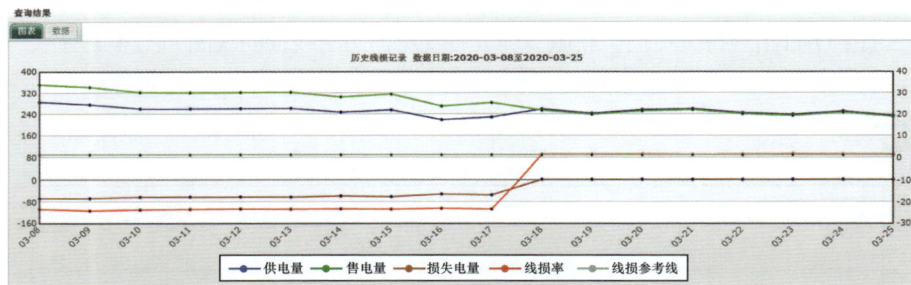

图4-2 营销系统TA更换信息

图4-3 新城××3号变压器整改前后线损曲线图

案例2 关口户现场倍率与系统倍率不一致（二）

案例现象：PMS_××1号台区（台区编号：0990100033***），2019年12月份线损率一直偏高，保持在34%左右。××1号台区12月份线损曲线图如图4-4所示。

核查结论：该台区变压器容量为500kVA，系统关口户倍率为300，变比过大。申请停电查看TA，确认现场TA变比为1000/5。系统显示TA变比如图4-5所示。

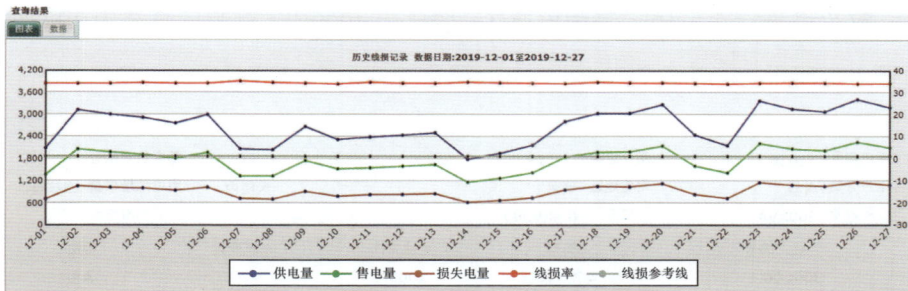

图4-4　××1号台区12月份线损曲线图

图4-5　系统显示TA变比

现场互感器实物图如图 4-6 所示。

图4-6　现场互感器实物图

整改措施： 在营销系统中更改 TA 变比为 1000/5。更改后系统内 TA 变比如图 4-7 所示。

用户编号 71038	用户名称 :1#			基本信息核查
用户分类 考核	用电地址 城南?		大院内	用电地址核查 未核查;
合同容量 500KVA	供电电压 0.4kV380			风险校验
资产编号	类别	电流变比	电压变比	相别
J00C00:	电流互感器	1000/5		A相
J00C00:	电流互感器	1000/5		B相
J00C00:	电流互感器	1000/5		C相

图4-7　更改后系统内TA变比

整治效果： 2019 年 12 月 30 日，系统关口户 TA 变比更改后，台区线损明显下降，恢复至达标状态。××1 号台区整改前后线损曲线图如图 4-8 所示。

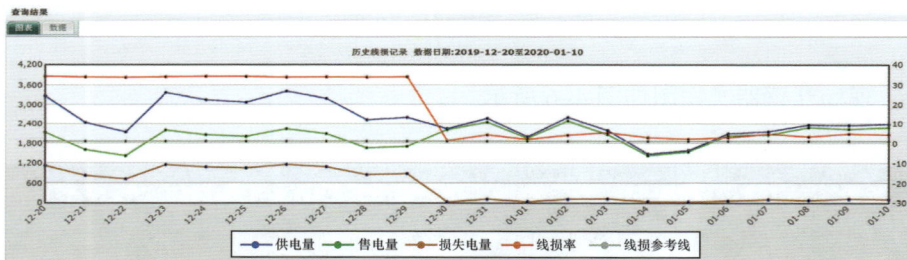

图4-8　××1号台区整改前后线损曲线图

案例 3　客户营销系统倍率与现场倍率不一致

案例现象： PMS_10kV 家苑 ××1 号主变压器（台区编号：0990100027***）2019 年 11 月开始出现持续负线损。家苑 ××1 号主变压器 2019 年 11 月线损曲线图如图 4-9 所示。

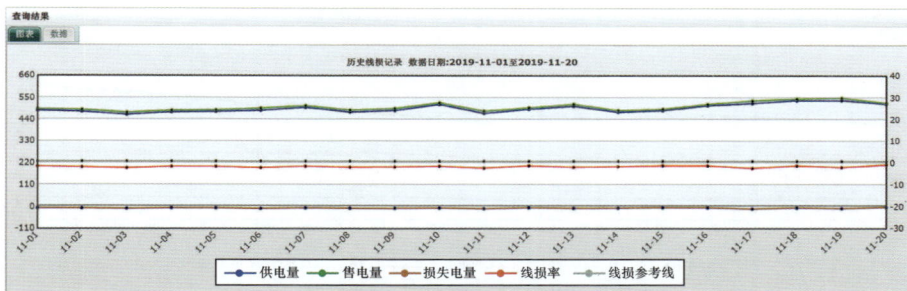

图4-9　家苑××1号主变压器2019年11月线损曲线图

核查结论： 经过系统与现场对比，发现某用户（户号：7103852***）系统倍率为60，但是现场未安装互感器，系统倍率错误。用户系统综合倍率如图4-10所示。

用户编号	用户名称	用电地址	供用电标识	电量(kWh)	昨日示数	当日示数	综合倍率
71103	江苏	·2单元	用电	19.8	715.09	715.42	60

图4-10　用户系统综合倍率

整改措施： 与客户沟通后，该客户需要对该用电设备进行拆除，对原有表计销户处理，用户销户流程如图4-11所示。

图4-11　用户销户流程

整治效果： 自11月23日起，台区线损率达到1.5%左右，线损合格。家苑××1号主变压器整改前后线损曲线图如图4-12所示。

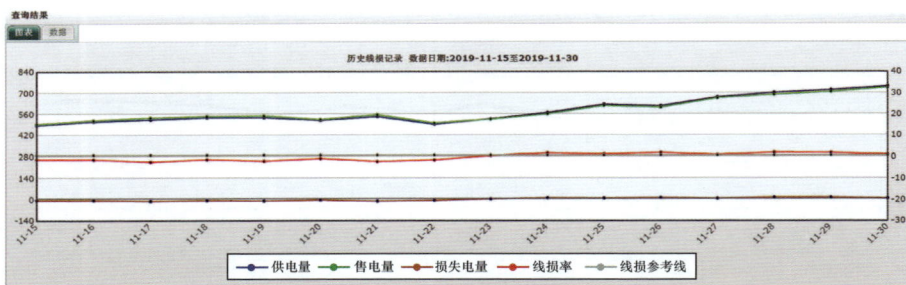

图4-12　家苑××1号主变压器整改前后线损曲线图

第二节　户变关系

案例1　单电源客户台区挂接错误（一）

案例现象： PMS_碧水××1号主变压器（台区编号：3090102538***）自2020年1月2日起，台区线损率突然为负。碧水××1号主变压器历史线损曲线图如图4-13所示。

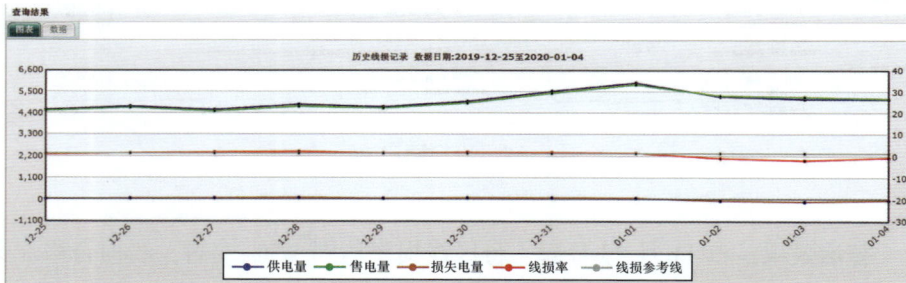

图4-13　碧水××1号主变压器历史线损曲线图

核查结论：经用电信息采集系统分析，发现用户 7202062***2020 年 1 月 2 日电量突增，相关系数为 -0.96，高度怀疑台区出现负损因该户引起。用户用电量情况如图 4-14 所示。

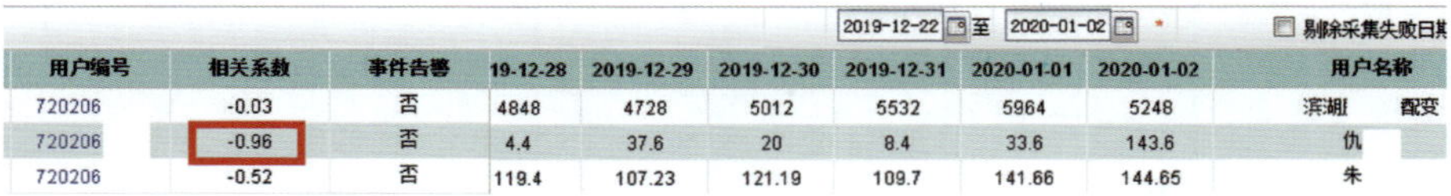

用户编号	相关系数	事件告警	19-12-28	2019-12-29	2019-12-30	2019-12-31	2020-01-01	2020-01-02	用户名称
720206	-0.03	否	4848	4728	5012	5532	5964	5248	滨湖 配变
720206	-0.96	否	4.4	37.6	20	8.4	33.6	143.6	仇
720206	-0.52	否	119.4	107.23	121.19	109.7	141.66	144.65	朱

图4-14　用户用电量情况

通过营销系统检查，发现该户 2019 年 11 月 16 日办理“低压非居民增容”流程，12 月 10 日归档，归档后因该户用电量一直比较小，未引起台区线损异常，2020 年 1 月 2 日用电量突增后台区出现线损异常。

在该流程中明确写明增容后应挂接在 PMS_ 碧水 ××2 号主变压器上，但是配电网在画接入点时将变压器弄错，营销人员走流程挂接时未仔细核对变压器信息，导致错误。该用户供电方案如图 4-15 所示。

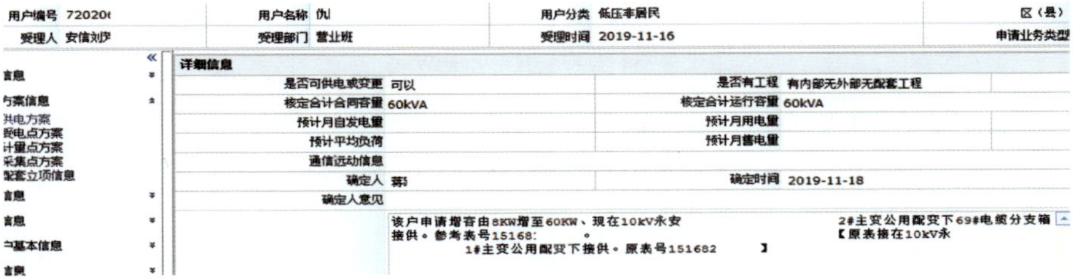

图4-15　用户供电方案

整改措施：营销系统发起“营销 GIS 图形维护”流程，挂接到正确的变压器 PMS_ 碧水 ××2 号主变压器上。

整治效果：自 2020 年 1 月 6 日起，该台区线损恢复正常。碧水 ××1 号主变压器整改前后线损曲线图如图 4-16 所示。

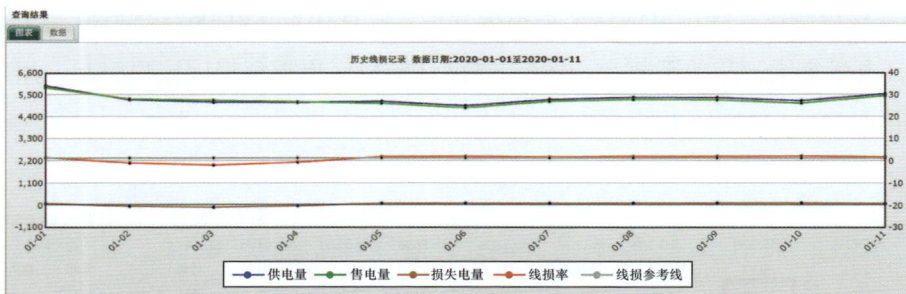

图4-16　碧水××1号主变压器整改前后线损曲线图

案例2　单电源客户台区挂接错误（二）

案例现象： PMS_××12号台区（台区编号：0990100032***）原线损率持续稳定，自2020年3月4日起，线损率突然异常升高。××12号台区历史线损曲线图如图4-17所示。

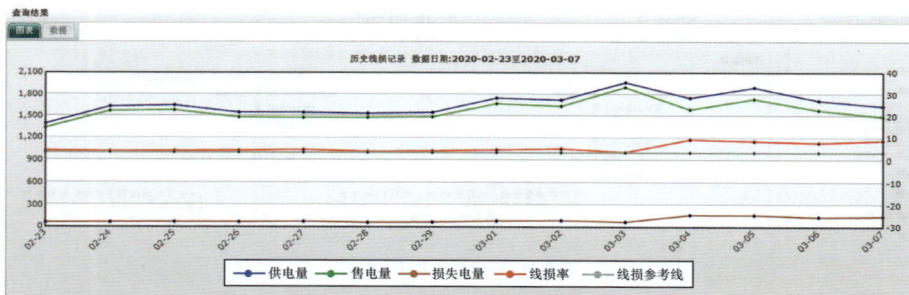

图4-17　××12号台区历史线损曲线图

核查结论： 客户江苏××科技有限公司（用户编号：7105581***）户变关系错误，该户为防疫期间新增用户（生产口罩），被错误挂接在PMS_××25号变压器上，该台区3月4日出现大负损。××25号变压器历史线损数据如图4-18所示。

图4-18　××25号变压器历史线损数据

整改措施：对该客户按照实际所在台区调整户变关系，3月8日发起"营销 GIS 图形维护"流程，流程编号：300217581***。用户营销 GIS 图形维护流程如图 4-19 所示。

图4-19　用户营销GIS图形维护流程

整治效果：自 3 月 8 日起，PMS_××12 号台区线损率下降到 4% 以内，同时 PMS_××25 号变压器 3 月 8 日线损率为 4.87%，属于合格台区。××12 号台区整改前后线损曲线图如图 4-20 所示。

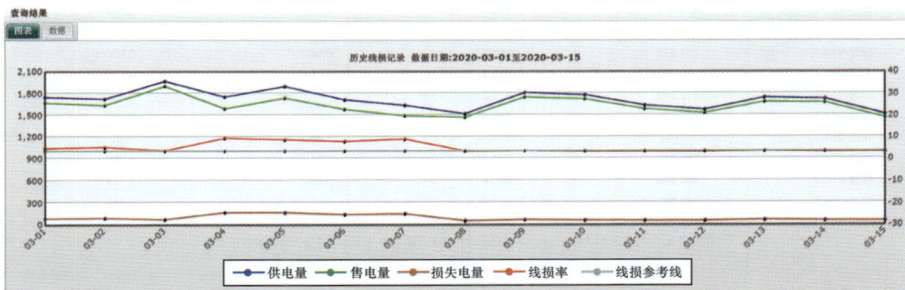

图4-20　××12号台区整改前后线损曲线图

××25 号变压器 3 月 8 日线损数据如图 4-21 所示。

电量日期	供电量	售电量	线损率	损失电量
2020-03-01	263.478	265.31	-0.7	-1.832
2020-03-02	294.366	293.11	0.43	1.256
2020-03-03	263.112	253.27	3.74	9.842
2020-03-04	277.158	363.95	-31.31	-86.792
2020-03-05	284.502	363.15	-27.64	-78.648
2020-03-06	264.258	326.42	-23.52	-62.162
2020-03-07	252.426	328.32	-30.07	-75.894
2020-03-08	277.608	264.08	4.87	13.528
2020-03-09	261.6	252.79	3.37	8.81
2020-03-10	240.606	224.49	6.7	16.116
2020-03-11	258.528	246	4.85	12.528
2020-03-12	258.174	225.38	12.7	32.794

图4-21 ××25号变压器3月8日线损数据

案例3 双电源用户台区挂接主备供有误（一）

案例现象：PMS_ 忠仙 ××2 号主变压器（台区编号：3090102913***）为 2019 年 12 月 30 日新上台区，2020 年 1 月 3 日台区线损率突然为负值。忠仙 ××2 号主变压器 1 月 3 日线损数据如图 4-22 所示。

电量日期	供电量	售电量	线损率	损失电量
2019-12-26	0			
2019-12-27	0			
2019-12-28	0			
2019-12-29	0			
2019-12-30	175.704	113.37	35.48	62.334
2019-12-31	415.488	412.52	0.71	2.968
2020-01-01	377.712	374.87	0.75	2.842
2020-01-02	301.272	298.45	0.94	2.822
2020-01-03	267.96	315.08	-17.58	-47.12
2020-01-04	317.712	350.21	-10.23	-32.498
2020-01-05	365.76	355.42	2.83	10.34
2020-01-06	320.04	316.66	1.06	3.38
2020-01-07	351.216	347.51	1.06	3.706
2020-01-08	394.656	390.87	0.96	3.786
2020-01-09	347.088	343.54	1.02	3.548

图4-22 忠仙××2号主变压器1月3日线损数据

核查结论：通过系统分析发现 7105538*** 为双电源用户，其有两个计量点，因这两个计量点表箱挂接错误，导致该台区线损异常。一个计量点用电，另一个计量点不用电，现场进一步核查确认为表箱挂接错误。7105538*** 用户两个计量点用电情况如图 4-23 所示。

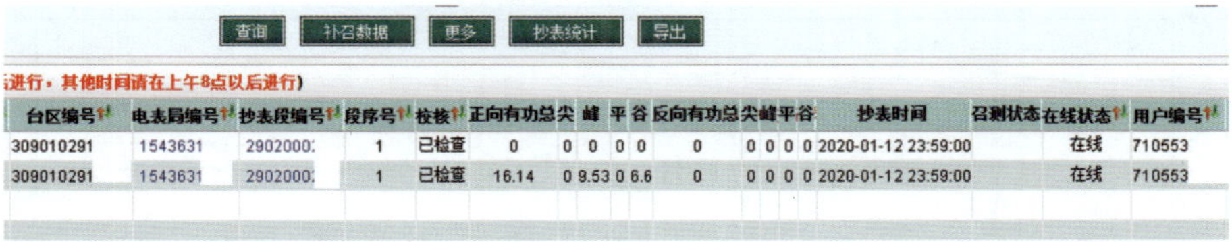

台区编号	电表局编号	抄表段编号	段序号	校核	正向有功总尖	峰	平谷	反向有功总尖峰平谷	抄表时间	召测状态	在线状态	用户编号
309010291	1543631	2902000	1	已检查	0	0	0 0 0	0	0 0 0 0 2020-01-12 23:59:00		在线	710553
309010291	1543631	2902000	1	已检查	16.14	0	9.53 0 6.6	0	0 0 0 0 2020-01-12 23:59:00		在线	710553

图4-23 7105538***用户两个计量点用电情况

整改措施：营销系统发起"营销 GIS 图形维护"流程，重新挂接表箱。

整治效果：户变关系整改后，自 1 月 5 日起，线损开始合格，忠仙 ××2 号主变压器整改后线损数据如图 4-24 所示。

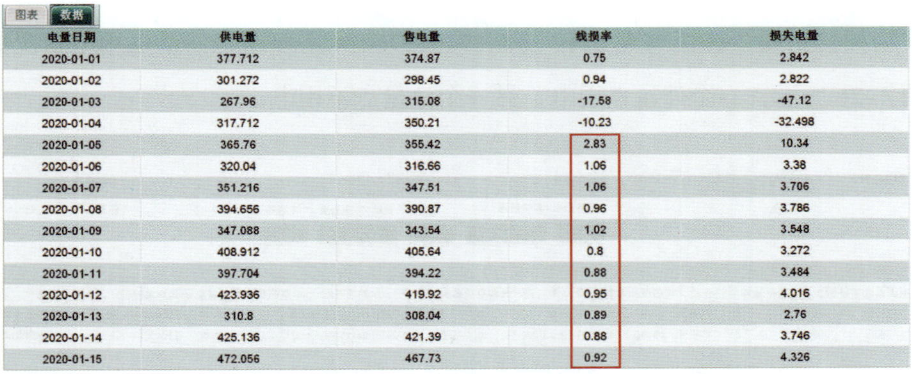

电量日期	供电量	售电量	线损率	损失电量
2020-01-01	377.712	374.87	0.75	2.842
2020-01-02	301.272	298.45	0.94	2.822
2020-01-03	267.96	315.08	-17.58	-47.12
2020-01-04	317.712	350.21	-10.23	-32.498
2020-01-05	365.76	355.42	2.83	10.34
2020-01-06	320.04	316.66	1.06	3.38
2020-01-07	351.216	347.51	1.06	3.706
2020-01-08	394.656	390.87	0.96	3.786
2020-01-09	347.088	343.54	1.02	3.548
2020-01-10	408.912	405.64	0.8	3.272
2020-01-11	397.704	394.22	0.88	3.484
2020-01-12	423.936	419.92	0.95	4.016
2020-01-13	310.8	308.04	0.89	2.76
2020-01-14	425.136	421.39	0.88	3.746
2020-01-15	472.056	467.73	0.92	4.326

图4-24 忠仙××2号主变压器整改后线损数据

案例 4 双电源用户台区挂接主备供有误（二）

案例现象：PMS_帝逸 ××1 号变压器（台区编号：3090102532***），2020

年 1 月 2 日台区损失电量为 –73.19kWh，线损率为 –3.3%，出现负损。帝逸 ××1 号变压器历史线损曲线图如图 4–25 所示。

图4-25　帝逸××1号变压器历史线损曲线图

核查结论： 经过检查发现台区下用户盐城 ×× 物业有限公司（户号：7104376***）为双电源用户，计量点 1（表号：1528570***，表箱号：1002311***）与计量点 2（表号：1528571***，表箱号：1002310***）出现了表箱挂接错误，挂接与现场不一致。7104376*** 用户两个计量点用电情况如图 4–26 所示，一个计量点用电，另一个计量点不用电。

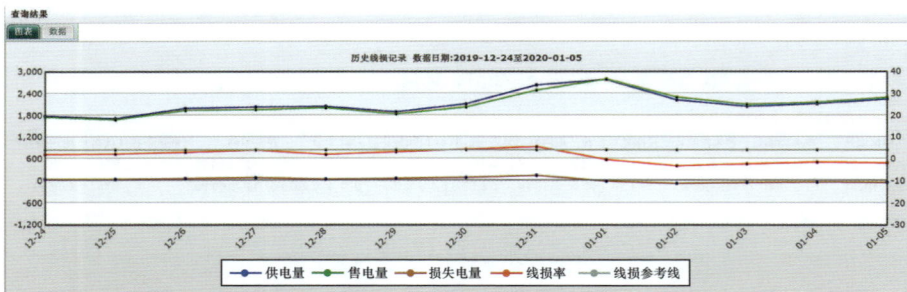

图4-26　7104376***用户两个计量点用电情况

整改措施： 营销系统发起 "营销 GIS 图形维护" 流程，重新挂接表箱。

整治效果： 自 1 月 6 日起，台区线损率恢复到正常水平，下降到 3% 左右。帝逸 ××1 号变压器整改前后线损曲线图如图 4–27 所示。

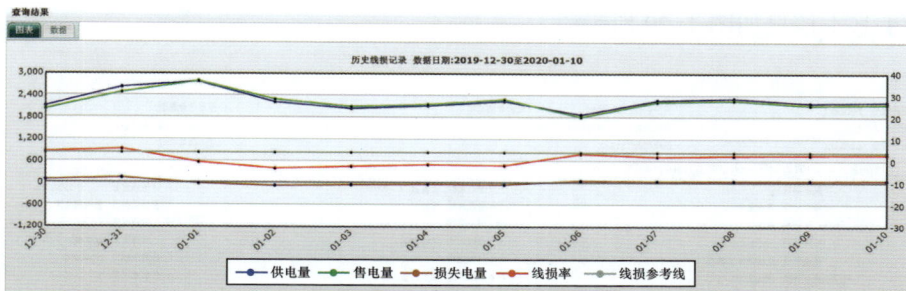

图4-27　帝逸××1号变压器整改前后线损曲线图

案例5　专用变压器用户计量点挂接错误

案例现象: PMS_奥景 ××1号主变压器（台区编号：0990100034***），2016年3月份台区出现持续负损。奥景 ××1号主变压器2016年3月线损曲线图如图4-28所示。

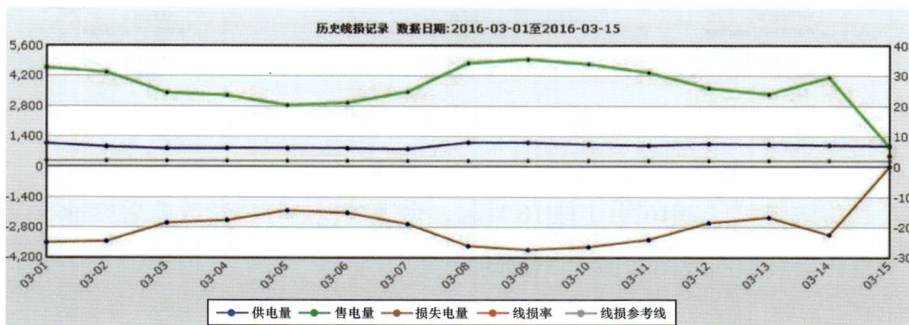

图4-28　奥景××1号主变压器2016年3月线损曲线图

核查结论: 现场核查该台区户变关系发现，一高压专用变压器用户江苏盐城 ××股份有限公司（7900079***）双电源用户，两路电源都挂在了该公用变压器上。该户的计量点1属于专用变压器性质，应挂接在10kV线路上，但营销系统中错挂在PMS_奥景 ××1号主变压器上。7900079***用户计量点 1 基本信息如图 4-29 所示。

图4-29　7900079***用户计量点1基本信息

整改措施：2016 年 3 月 15 日对该户电源点 1 进行档案维护，重新挂接在 10kV 专用变压器上，7900079*** 用户修改后计量点 1 基本信息如图 4-30 所示。

图4-30　7900079***用户修改后计量点1基本信息

整治效果：自 2016 年 3 月 16 日起，台区线损达标，整改前后奥景 ××1 号主变压器线损曲线图如图 4-31 所示。

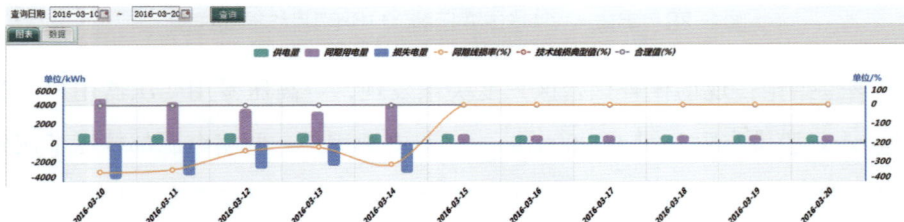

图4-31　整改前后奥景××1号主变压器线损曲线图

第三节　营销系统档案字段错误

案例 1　参考表字段是否为"NULL"或"是"

案例现象： PMS_××一台区（台区编号：0990100003***）2019 年 12 月 20 日线损率突升至 6.33%，损失电量 22.32kWh。××一台区 12 月 20 日线损数据如图 4–32 所示。

电量日期	台区关口电量	上网关口电量	用户售电量	总表反向电量	线损率	损失电量
2019-12-10	212.24	179.48	270.85	109.36	2.94	11.51
2019-12-11	209.92	193.05	276.98	114.4	2.88	11.59
2019-12-12	237.36	165.03	301.24	89.52	2.89	11.63
2019-12-13	218.8	183.17	284.59	105.76	2.89	11.62
2019-12-14	224.48	118.66	291.25	40.64	3.28	11.25
2019-12-15	264	78.73	307.79	23.44	3.36	11.5
2019-12-16	241.28	134.49	291.98	72.16	3.09	11.63
2019-12-17	296	12.33	297.2	0	3.61	11.13
2019-12-18	265.92	68.42	315.01	7.92	3.41	11.41
2019-12-19	227.92	129.84	300.18	46	3.24	11.58
2019-12-20	271.28	81.19	310.47	19.68	6.33	22.32
2019-12-21	317.52	60.38	339.6	14.56	6.28	23.74
2019-12-22	311.28	55.93	328.13	15.92	6.31	23.16
2019-12-23	360.48	127.1	402.2	62.4	4.71	22.98
2019-12-24	453.44	61.02	487.65	3.28	4.57	23.53

图4-32　××一台区12月20日线损数据

核查结论： 经过现场核查和系统核查发现台区下用户 7104220*** 从 10 月 11 日办理增容至 10 月 14 日流程结束（流程编号 300204535***），但该户电表（资产编号：1541580***）没有参与线损计算。营销系统中客户档案"是否参考表"为"是"。由于 7104220*** 用户 10 月 14 日至 12 月 20 日用电量小，未能够及时发现档案错误问题。

整改措施： 12 月 29 日更改客户档案，是否参考表选为"否"，营销系统

流程编号 300212144***，7104220***用户更改后的客户档案如图 4-33
所示。

用户编号 710422C	用户名称 王		基本信息核查		
用户分类 低压居民	用电地址 东台： 15组		用电地址核查 未核查）		
合同容量 16KVA	供电电压 0.4kV/380		风险校验		
操作	资产编号	综合倍率	类别	表电压	表电流	是否参考表

操作	资产编号	综合倍率	类别	表电压	表电流	是否参考表
	154158(	1	智能电能表	3×380/220V	5(60)A	否

资产编号 154158(		类别 智能电能表
型号 DTZY3699		类型 2时段+远程+RS485
表电压 3×380/220V		表电流 5(60)A

图4-33　7104220***用户更改后的客户档案

整治效果：自 12 月 29 日起，××一台区线损恢复正常，××一台区整
改后线损曲线图如图 4-34 所示。

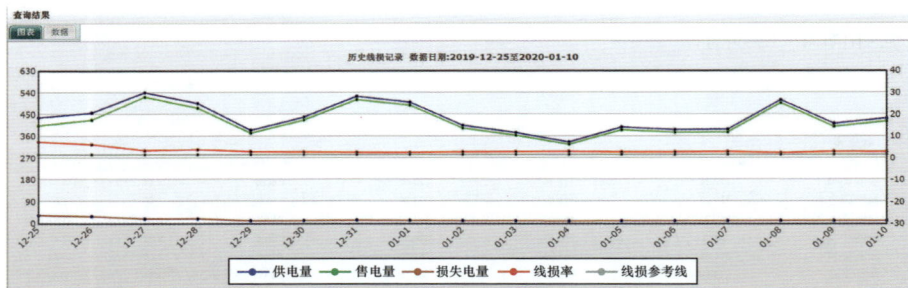

图4-34　××一台区整改后线损曲线图

案例 2　客户计量点级别错误（一）

案例现象：PMS_胡××110 号变压器（台区编号：3090102146***）线损
率在 2% 左右，自 2019 年 9 月 26 日起，台区线损率突然下降为 -0.12%，
之后台区线损率经常性出线微负损。胡××110 号变压器负线损数据如图
4-35 所示。

图表 数据

电量日期	供电量	售电量	线损率(%)
2019-09-30	230.33	230.3	0.01
2019-09-29	483.044	477.21	1.21
2019-09-28	266.642	266.98	-0.13
2019-09-27	523.396	519.39	0.77
2019-09-26	227.206	227.47	-0.12
2019-09-25	336.732	329.8	2.06
2019-09-24	345.23	338.41	1.98
2019-09-23	546.544	536.75	1.79

图4-35 胡××110号变压器负线损数据

核查结论：排除该台区总表、互感器及光伏上网表计接线松动原因后，对系统档案进行核查。发现总户号7102418***（刘××）2019年9月26日营销系统发起电价定量改类流程，流程编号：300203517***，新增定量计量点2。流程申请将计量点1、计量点2设为母子计费关系，但走流程时将计量点2选为母表，未添加计费关系，造成计量点2电量重复计算。

整改措施：11月在营销系统中发起修改计量点计费关系的改类流程，流程编号：300207912***，计量点2更改为子表并与计量点1确定计费关系。用户计量点计费关系如图4-36所示。

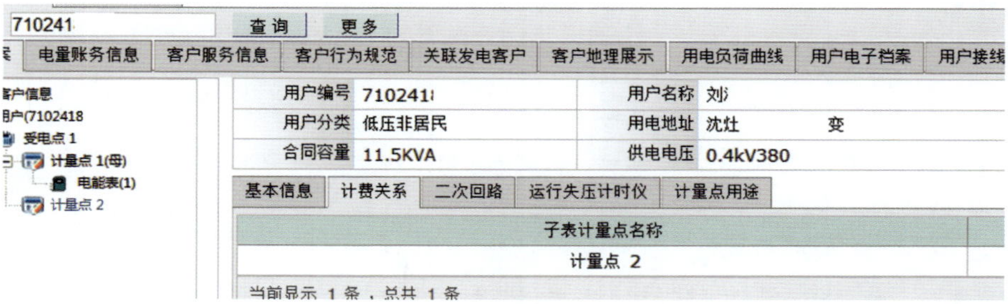

图4-36 用户计量点计费关系

整治效果：自11月12日起，该台区线损恢复正常，胡××110号变压器整改后线损数据如图4-37所示。

电量日期	供电量	售电量	线损率(%)	合理值(%)
2019-11-19	112.462	108.506	3.52	3.17
2019-11-18	149.12	144.914	2.82	3.08
2019-11-17	112.51	108.536	3.53	3.17
2019-11-16	110.49	106.696	3.43	3.17
2019-11-15	128.404	124.004	3.43	3.13
2019-11-14	125.102	121.238	3.09	3.14
2019-11-13	130.948	126.712	3.23	3.12
2019-11-12	125.814	121.91	3.1	3.12
2019-11-11	132.41	128.456	2.99	3.11
2019-11-10	121.37	122.284	-0.75	3.14
2019-11-09	159.436	159.8	-0.23	3.04

图4-37　胡××110号变压器整改后线损数据

案例3　客户计量点级别错误（二）

案例现象：PMS××厂用变压器（台区编号：3090102295***）2019年11月21日起线损率逐步升高，12月1日台区线损率达到7.1%，损失电量43.66kWh。××厂用变压器历史线损曲线图如图4-38所示。

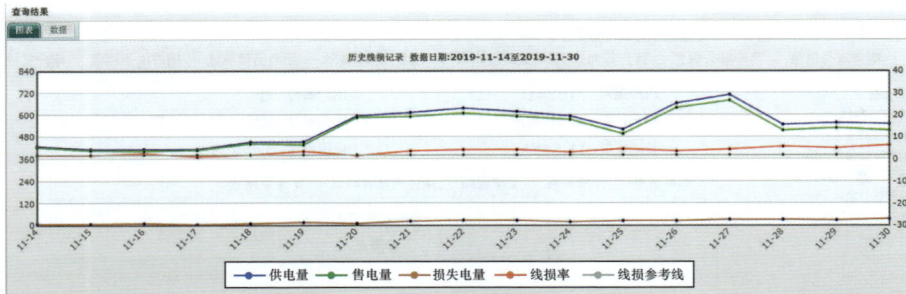

图4-38　××厂用变压器历史线损曲线图

核查结论：经过现场检查，未发现表计异常情况。系统进一步核对用户档案后，发现台区下用户（户号：7101008***）存在两个计量点，计量点1为母，计量点2为子，计量点1和计量点2均分别装表计量，线损统计只统计计量点1（母）对应表计电量，不统计计量点2（子）对应表计电量。进一步现场检查该户计量接线方式，发现该户计量点 1 和 2 为并接关系，系统中两个计量点均应为"母表"，由于系统错误地将计费关系设置成"母子"关系，导致少统计计量点 2（表号：1522681***）的售电量。当计量点 2 用电时，台区线损率升高。

整改措施：12 月 21 日在营销系统中发起修改计量点计费关系的改类流程，流程编号：300211448***，将计量点 2 更改为母表。用户更改计量点关系如图 4-39 所示。

图4-39　用户更改计量点关系

整治效果：更改计量点关系后，用户计量点 2（表号：1522681***）计量的电量统计到售电量中，台区线损合格，且走势图平稳。××厂用变压器整改前后线损曲线图如图 4-40 所示。

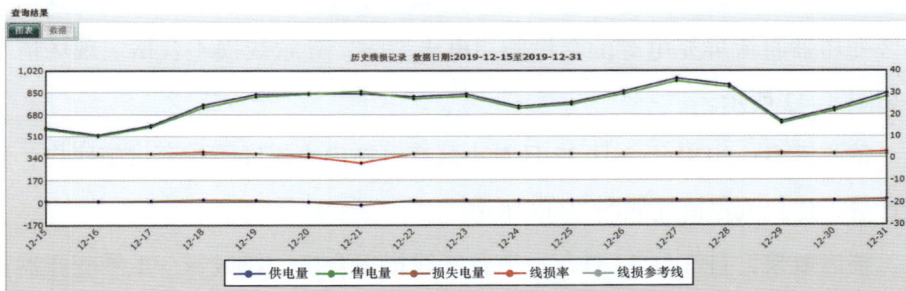

图4-40　××厂用变压器整改前后线损曲线图

第四节 其他档案类

案例 1 小区变电站自用电需装表建户（一）

案例现象： PMS_ 新城 ××1 号变压器（台区编码：3090102173***）线损率一直不合格，属于高损台区。新城 ××1 号变压器历史线损曲线图如图4–41 所示。

图4-41 新城××1号变压器历史线损曲线图

核查结论： 该台区户变关系正确，无违约用电，工作人员现场核查发现小区变压器直流屏充电等配套设施用电未装表，导致线损不合格。现场情况图如图 4–42 所示。

整改措施： 2020 年 3 月 22 日对小区变电站内直流屏等配套设施建户、装表计量，建户流程情况如图 4–43 所示。

整治效果： 自 3 月 23 日起，该台区线损率合格，新城 ××1 号变压器整改前后线损曲线图如图 4–44 所示。

图4-42　现场情况图

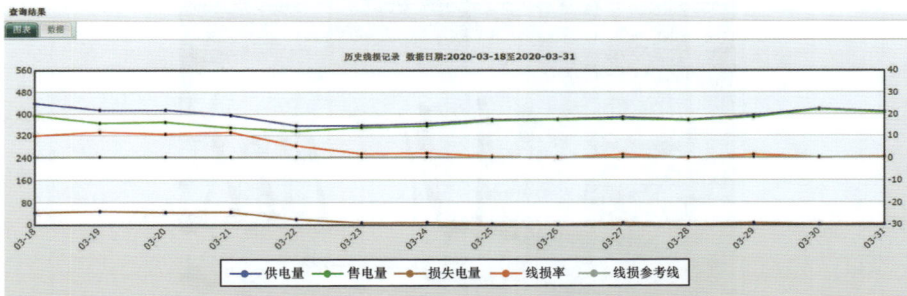

图4-43　建户流程情况

图4-44　新城××1号变压器整改前后线损曲线图

案例2　小区变电站自用电需装表建户（二）

案例现象： PMS_吾悦××（办公）1号主变压器（台区编号：3090102914***），

该台区自 2019 年 12 月份投运后一直有供电量，无售电量，导致线损不可计算。用电信息采集系统内历史线损曲线图如图 4-45 所示。

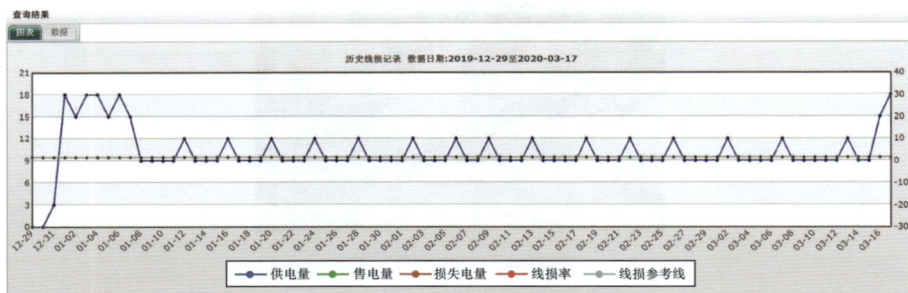

图4-45 用电信息采集系统内历史线损曲线图

核查结论：现场核查户变关系，发现该台区仅有配电房所用电在用电，且无所用电表计，现场无表用电，如图 4-46 所示。

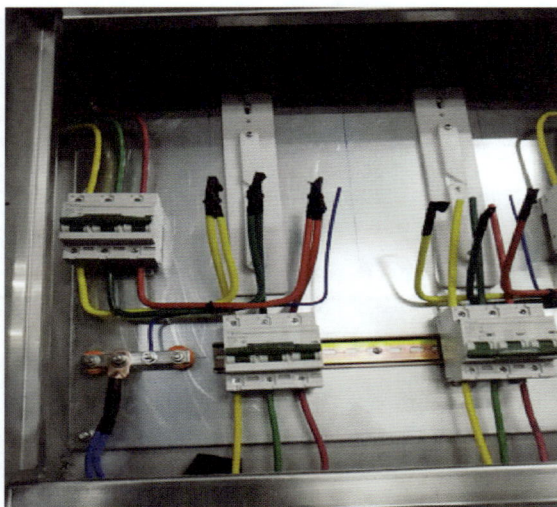

图4-46 现场无表用电

整改措施：2020 年 3 月 17 日对配电房所用电进行装表计量，装表流程情况如图 4-47 所示。

用户编号 710559		用户名称 盐城新城		记电室所用电	
受理人 方温馨(外)		受理部门 营业班			

图4-47　装表流程情况

整治效果： 3 月 21 日，台区线损日供电量为 9kWh，日售电量为 7.32kWh，日损失电量为 1.68kWh，日线损率为 18.67%，为小电量台区，属于合格台区范围。吾悦 ×× （办公）1 号主变压器整改后线损曲线图如图 4-48 所示。

图4-48　吾悦××（办公）1号主变压器整改后线损曲线图

案例 3　台区存在公用电厂类型的全额上网光伏用户

案例现象： PMS_××13 号组变新增工程（台区编号：3090102295***），2018 年 2 月 11 日该台区下新上用户江苏 ×× 能源有限公司（7105076***）并网发电，该用户为公用电厂类型的全额上网光伏用户（非分布式光伏用户），自 2 月 11 日起该台区由之前的合格台区变为高负损台区。××13 号组变新增工程 2 月份线损曲线图如图 4-49 所示。

图4-49　××13号组变新增工程2月份线损曲线图

核查结论： 通过分析发现，由于该全额上网光伏用户在走新装流程时流程类型选择的是"公用电厂新装"流程，并未选择常见的"分布式光伏新装"流程，营销系统客户服务信息如图 4-50 所示。

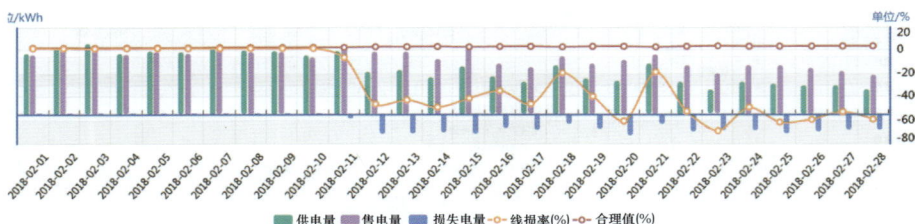

图4-50　营销系统客户服务信息

全额上网光伏用户的工作和计量规则如下：光伏发电可以供本台区使用，这部分使用的电量是被用户表计量的，线损计算中纳入售电量统计，但是未经过供电量计算；消纳不掉的可以反送给 10kV 电网，这部分电量通过总表的反向有功总计量，也未统计到台区售电量中。全额上网光伏逻辑接线图如图 4-51 所示、全额上网发电电量去向分析图如图 4-52 所示。

上图相关数学逻辑计算关系：上网电量 $W_3=W_4+W_5$，即光伏发电量有两个去向：一部分被本台区内部消耗为 W_4，另外一部分未被本台区消纳的电量通过台区关口送给台区对应 10kV 线路。

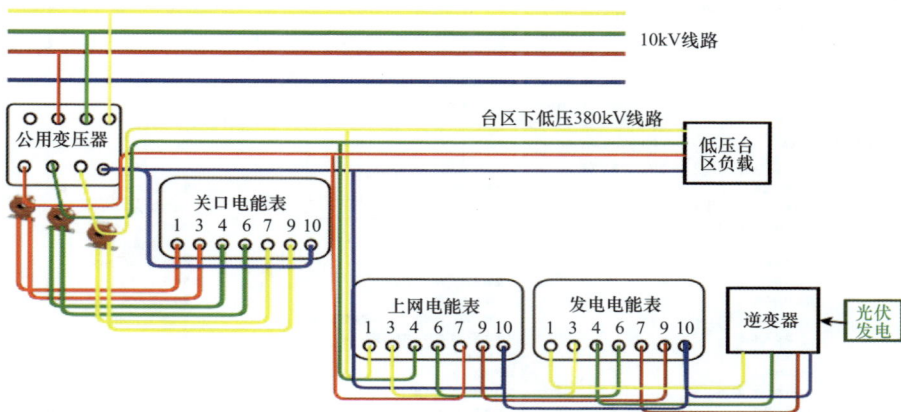

图4-51　全额上网光伏逻辑接线图

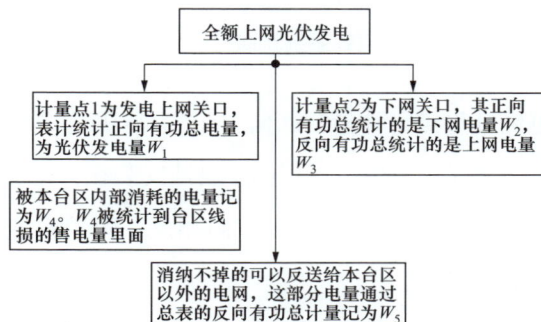

图4-52　全额上网发电电量去向分析图

营销业务应用系统、用电信息采集系统对于台区供电量及售电量的统计规则均只适合走"分布式光伏"流程类型的发电户。所以导致该台区全额上网光伏用户的上网电量未能与分布式光伏用户的上网电量一样自动计入台区供电量，同时低压台区反送至10kV侧的电量也未能计入台区的售电量，从而引起台区线损高负损。

整改措施：

（1）新增配电变压器供电关口，计量光伏电厂的发电上网电量（7105263***，××13号组变新增工程光伏全额上网）。表计安装在公用电厂侧，表计接线方式与公用电厂的用于"售电侧结算"的表计电流方向相反。营销系统新增关口计量点参数如图 4-53 所示。

用户编号	710526	用户名称	13#组变 全额上网	基本信息核查	
用户分类	考核	用电地址	响水县 集街	用电地址核查	未核查
合同容量	200KVA	供电电压	0.4kV380	风险校验	

基本信息 | 计费关系 | 二次回路 | 运行失压计时仪 | 计量点用途

计量点编号	1	计量点名称	计量点 1	计量点地址	响水县 集街
计量点分类	关口计量点	计量点性质	考核	主用途类型	台区供电考核
计量点所属侧	低压侧	申请日期	2018-10-28	电压等级	0.4kV380
投运日期	2018-10-29	接线方式	三相四线	计量方式	低供低计
供电单位	响水县供电公司	开关编号		抄表段编号	2901005
电量交换点分类		计量装置分类	Ⅳ类计量装置	抄表顺序号	150
计量管理顺序号		是否装表	是	计量点状态	在用
线路名称	PMS_10kV 155	台区名称	PMS_ 13#组变新增工程	台区编码	309010229
是否采集	否	电量计算方式	实抄（装表计量）	计量点级数	顶级
定量定比值		定比扣减标志		执行顺序	
变损分摊标志		线损分摊标志		变损计费标志	否
线损计费标志	否	线损计算方式	不计算	有功线损计算值	
无功线损计算值		计量点容量	200kVA	线损分摊协议值	
变损分摊协议值		PT有功加损		PT无功加损	
中性点接地方式		功率因数标准	不考核	电价行业类别	太阳能发电
电价	转供零电价(0.0000)	是否执行峰谷	否	固定力率	
有功空载损耗		有功负载损耗		无功空载损耗	

图4-53 营销系统新增关口计量点参数

（2）新增售电侧计量点，计量台区向 10kV 高压侧倒送电量（7105263***，××13 号组变新增工程台区配电房用电）。表计安装在台区变压器关口处，表计接线方式与原先台区关口表计的电流方向相反。营销系统新增售电侧计量点参数如图 4-54 所示。

用户编号	710526	用户名称	组变新增工程配电房用电	基本信息核查	
用户分类	考核	用电地址	响 王集街	用电地址核查	未核查
合同容量	200KVA	供电电压	0.4kV380	风险校验	

基本信息 | 计费关系 | 二次回路 | 运行失压计时仪 | 计量点用途

计量点编号	1	计量点名称	计量点 1	计量点地址	响水县 集街
计量点分类	关口计量点	计量点性质	考核	主用途类型	办公用电
计量点所属侧	低压侧	申请日期	2018-10-28	电压等级	0.4kV380
投运日期	2018-10-29	接线方式	三相四线	计量方式	低供低计
供电单位	响水县供电公司	开关编号		抄表段编号	290100
电量交换点分类		计量装置分类	Ⅳ类计量装置	抄表顺序号	151
计量管理顺序号		是否装表	是	计量点状态	在用
线路名称	PMS_10k 155	台区名称	PMS_ 组变新增工程	台区编码	309010229
是否采集	否	电量计算方式	实抄（装表计量）	计量点级数	顶级
定量定比值		定比扣减标志		执行顺序	
变损分摊标志		线损分摊标志		变损计费标志	否
线损计费标志	否	线损计算方式	不计算	有功线损计算值	
无功线损计算值		计量点容量	200kVA	线损分摊协议值	
变损分摊协议值		PT有功加损		PT无功加损	
中性点接地方式		功率因数标准	不考核	电价行业类别	太阳能发电
电价	转供零电价(0.0000)	是否执行峰谷	否	固定力率	
有功空载损耗		有功负载损耗		无功空载损耗	

图4-54 营销系统新增售电侧计量点参数

（3）原公用电厂流程户江苏 ×× 能源有限公司（7105076***）仅保留

"售电侧"结算计量点,原用户计量点情况如图 4-55 所示。

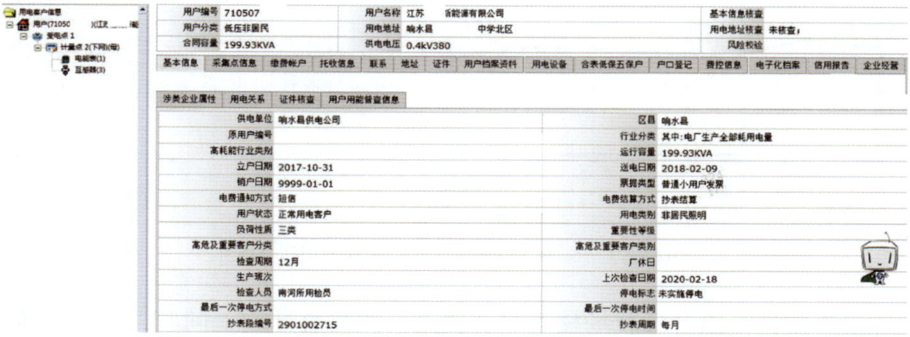

图4-55　原用户计量点情况

整治效果: 10 月 30 日流程全部流转结束后,台区线损率达到 2% 左右,属于合格台区。××13 号组变新增工程整改后线损数据如图 4-56 所示。

电量日期	供电量	售电量	损失电量	线损率(%)
2018-10-28	109.664	152.11	-42.446	-38.71
2018-10-29	686.424	168.66	517.764	75.43
2018-10-30	675.864	664.52	11.344	1.68
2018-10-31	626.232	615.99	10.242	1.64
2018-11-01	622.664	613.51	9.154	1.47
2018-11-02	598.616	588.3	10.316	1.72
2018-11-03	502.52	493.91	8.61	1.71
2018-11-04	334.512	327.21	7.302	2.18

图4-56　××13号组变新增工程整改后线损数据

案例 4　新装流程未及时归档

案例现象: PMS_××2 号台区(台区编码:0990100029***),台区线损自 2020 年 3 月 20 日起偏高,××2 号台区 3 月份历史线损曲线图如图 4-57 所示。

图4-57 ××2号台区3月份历史线损曲线图

核查结论： 该台区现场核查户变关系、关口表计均无问题，经过系统对比，发现用户王××（总户号：7105591***）3月19日申请新开户，3月20日将表计装至现场，用户开始用电。业务员未将流程及时归档（3月21~22日为周末放假），导致采集和营销数据不同步，造成线损不合格，营销系统内用户流程如图4-58所示。

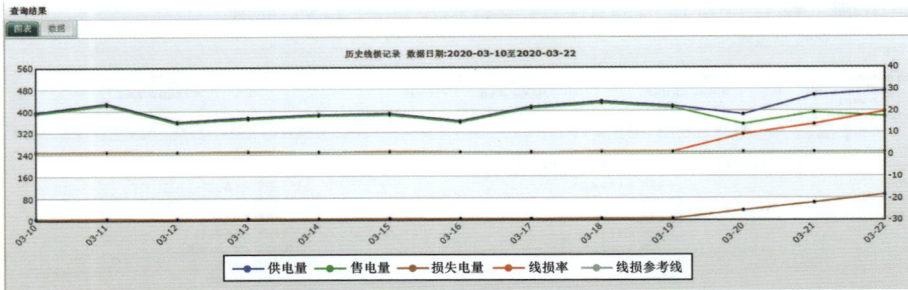

图4-58 营销系统内用户流程

整改措施： 3月23日将营销系统内流程归档。

整治效果： 自3月23日起，台区线损率下降到2%以下，线损合格，××2号台区整改前后线损曲线图如图4-59所示。

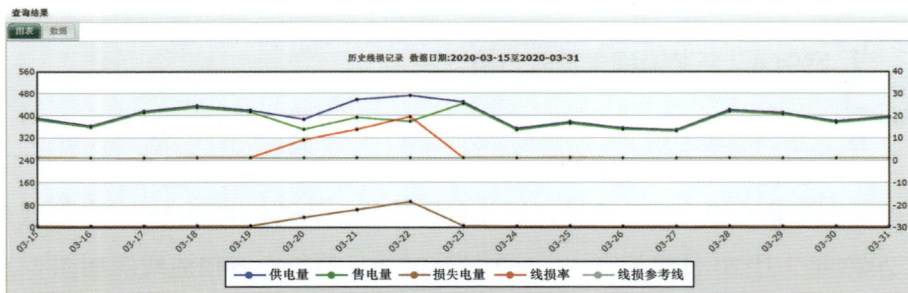

图4-59 ××2号台区整改前后线损曲线图

CHAPTER
FIVE

第五章
计量类线损典型案例

低压线损
精益化管理实务

第一节　采集运维类

案例1　用户采集器无法采集数据

案例现象： PMS_ 新窑 ×× 119 号变压器（台区编号：90100798***）原线损率持续稳定在 2% 左右，2020 年 2 月 24 日线损率突然升高至 71.12%。新窑 ×× 119 号变压器典型日线损如图 5-1 所示。

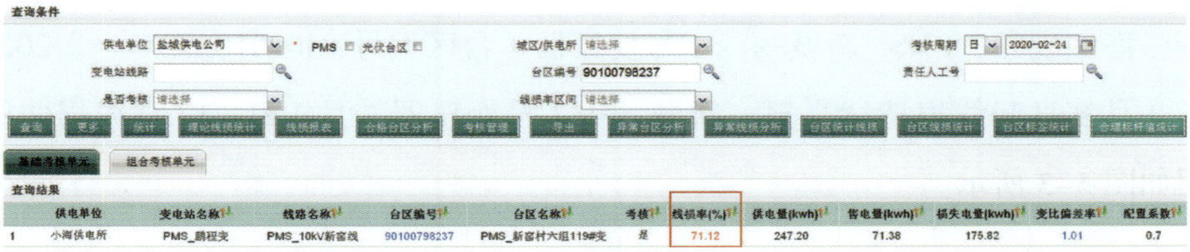

图5-1　新窑××119号变压器典型日线损

核查结论： 用户盐城市大丰区 ×× 养殖场（用户编号：7103738***）和用户王 ××（用户编号：7104074***）出现用电信息采集故障，导致 2 月 24 日数据采集失败，引起线损异常增高。

整改措施： 该两户处在台区线路末端，经常出现采集异常的情况，且该两户用电量较大，一旦出现采集异常，会对台区线损产生较大影响。为彻底改变此状况，决定为该两户安装小终端，保证采集正常。

整治效果： 自 2 月 25 日起，台区线损率下降到 2% 以内。新窑 ×× 119 号变压器整改后线损曲线图如图 5-2 所示。

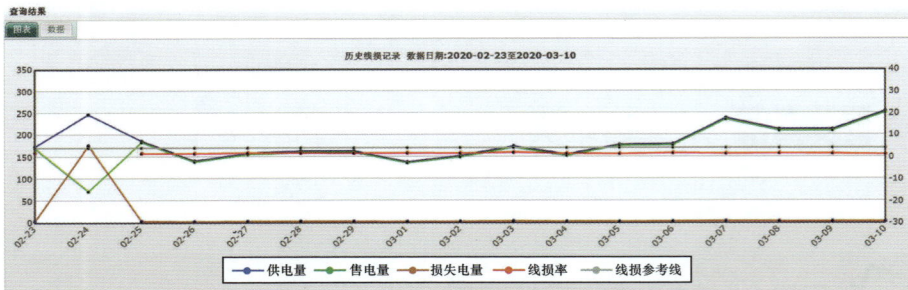

图5-2　新窑××119号变压器整改后线损曲线图

案例2　数据采集成功率低

案例现象： PMS_新城××1号变压器（台区编号：3090102924***）2020年3月9日起线损持续高损，新城××1号变压器3月1日~17日线损曲线图如图5-3所示。

图5-3　新城××1号变压器3月1日~17日线损曲线图

核查结论： 在用电信息采集系统检查发现该台区采集参与率低，该台区3月17日采集参与率仅为79.41%。用电信息采集系统内该台区采集参与情况如图5-4所示。

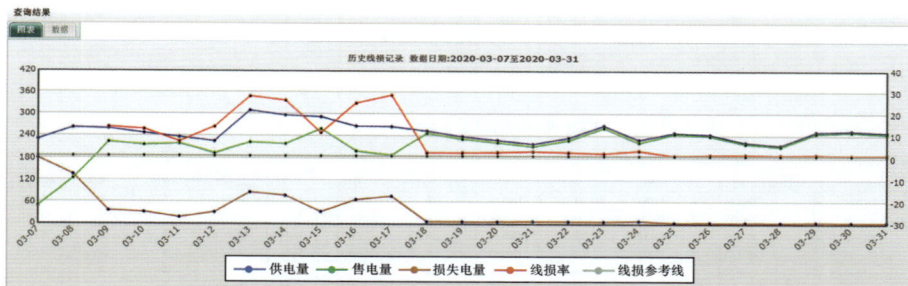

图5-4　用电信息采集系统内该台区采集参与情况

整改措施：派人去现场对采集设备进行运维，提高采集成功率。

整治效果：自3月18日起，该台区的采集参与率为100%，线损率合格，新城××1号变压器整改前后线损曲线图如图5-5所示。

图5-5　新城××1号变压器整改前后线损曲线图

案例3　采集器时钟乱码

案例现象：PMS_××三站（台区编号：0990100007***）2020年3月5日起台区线损率突然为负损和高损，线损率不稳定。××三站3月5日起线损数据如图5-6所示。

核查结论：经现场检查和用电信息采集系统分析发现10kV××113线在3月5日停电，引起该台区总表7104229***（1524868***）时钟乱码，召测的数据不准确，用电信息采集系统数据召测情况如图5-7所示。

整改措施：3月10日对该台区总表进行时钟对时处理。时钟对时操作如图5-8所示。

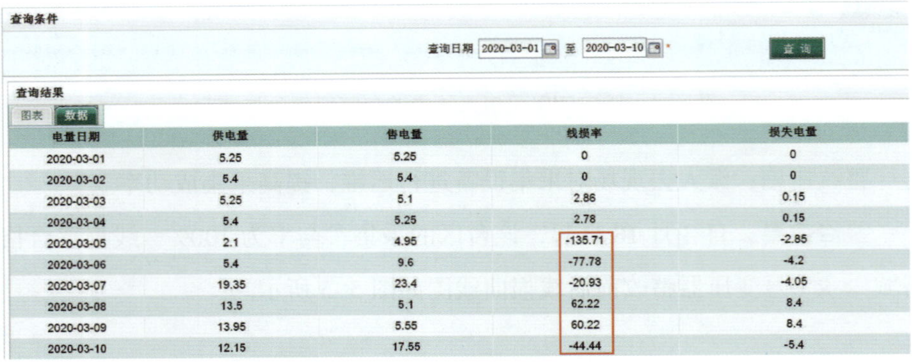

查询条件

查询日期 2020-03-01 至 2020-03-10 查询

查询结果

图表 数据

电量日期	供电量	售电量	线损率	损失电量
2020-03-01	5.25	5.25	0	0
2020-03-02	5.4	5.4	0	0
2020-03-03	5.25	5.1	2.86	0.15
2020-03-04	5.4	5.25	2.78	0.15
2020-03-05	2.1	4.95	-135.71	-2.85
2020-03-06	5.4	9.6	-77.78	-4.2
2020-03-07	19.35	23.4	-20.93	-4.05
2020-03-08	13.5	5.1	62.22	8.4
2020-03-09	13.95	5.55	60.22	8.4
2020-03-10	12.15	17.55	-44.44	-5.4

图5-6　××三站3月5日起线损数据

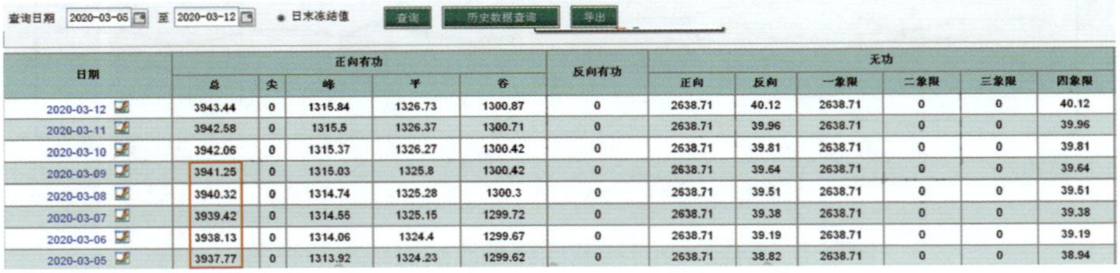

查询日期 2020-03-05 至 2020-03-12 日末冻结值 查询 历史数据查询 导出

日期	正向有功					反向有功	无功					
	总	尖	峰	平	谷		正向	反向	一象限	二象限	三象限	四象限
2020-03-12	3943.44	0	1315.84	1326.73	1300.87	0	2638.71	40.12	2638.71	0	0	40.12
2020-03-11	3942.58	0	1315.5	1326.37	1300.71	0	2638.71	39.96	2638.71	0	0	39.96
2020-03-10	3942.06	0	1315.37	1326.27	1300.42	0	2638.71	39.81	2638.71	0	0	39.81
2020-03-09	3941.25	0	1315.03	1325.8	1300.42	0	2638.71	39.64	2638.71	0	0	39.64
2020-03-08	3940.32	0	1314.74	1325.28	1300.3	0	2638.71	39.51	2638.71	0	0	39.51
2020-03-07	3939.42	0	1314.55	1325.15	1299.72	0	2638.71	39.38	2638.71	0	0	39.38
2020-03-06	3938.13	0	1314.06	1324.4	1299.67	0	2638.71	39.19	2638.71	0	0	39.19
2020-03-05	3937.77	0	1313.92	1324.23	1299.62	0	2638.71	38.82	2638.71	0	0	38.94

图5-7　用电信息采集系统数据召测情况

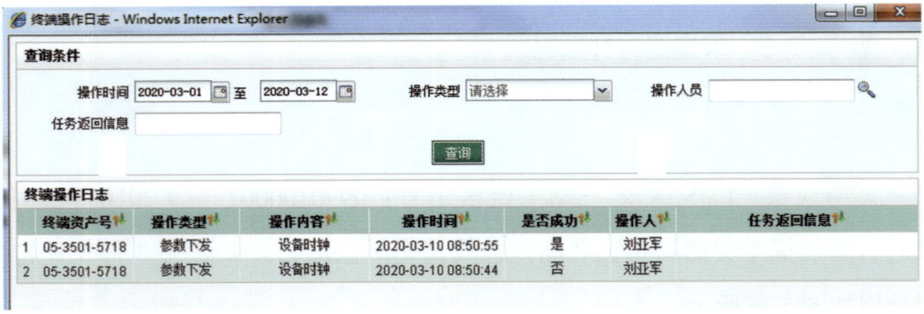

终端操作日志 - Windows Internet Explorer

查询条件

操作时间 2020-03-01 至 2020-03-12 操作类型 请选择 操作人员

任务返回信息

查询

终端操作日志

	终端资产号	操作类型	操作内容	操作时间	是否成功	操作人	任务返回信息
1	05-3501-5718	参数下发	设备时钟	2020-03-10 08:50:55	是	刘亚军	
2	05-3501-5718	参数下发	设备时钟	2020-03-10 08:50:44	否	刘亚军	

图5-8　时钟对时操作

整治效果：3 月 11 日该台区线损恢复正常。×× 三站整改前后线损曲线图如图 5-9 所示。

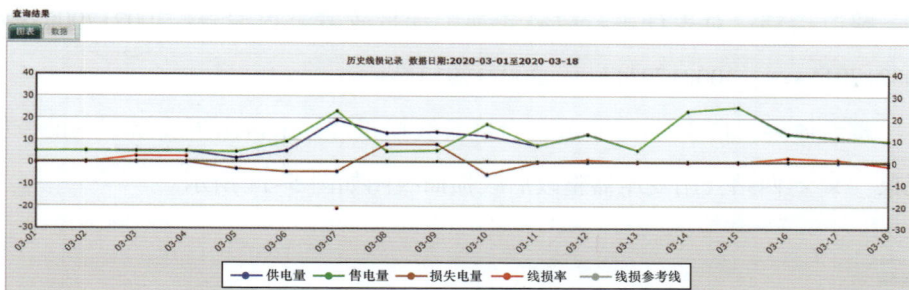

图5-9　××三站整改前后线损曲线图

案例 4　客户计量装置时钟偏差

案例现象：PMS_××西站公用变压器（台区编号：0990100017***）自
2020年2月19日起线损率波动，一正一负线损率经常发生。××西站公用
变压器历史线损曲线图如图5-10所示。

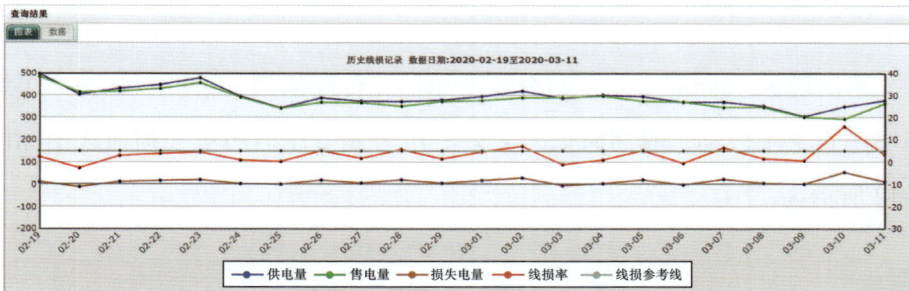

图5-10　××西站公用变压器历史线损曲线图

核查结论：通过历史线损率统计分析，发现台区所有用户事件告警均为
否，台区为窄带台区，用户表计时钟召测均失败，无法得知表计时钟与系统
时钟是否一致。在明细中选取日用电量超5kWh的用户，现场核对表计时钟
是否正确。检查发现4户表计时钟偏差严重。

整改措施：对表计进行故障轮换（计量故障流程编号：300217909***、300217915***、300217911***、300217913***）。

整治效果：自 3 月 12 日起，台区日线损正常，未再出现线损率一正一负现象。××西站公用变压器整改后线损曲线图如图 5-11 所示。

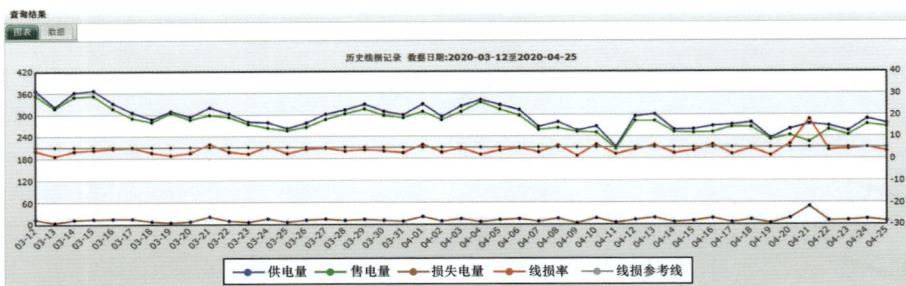

图5-11　××西站公用变压器整改后线损曲线图

案例 5　台区总表时钟偏差

案例现象：PMS_××三组公用变压器（台区编号：0990100015***）线损率一直上下波动，时高时低。××三组公用变压器历史线损曲线图如图 5-12 所示。

图5-12　××三组公用变压器历史线损曲线图

核查结论：通过系统分析，发现台区总表（电表编号：1000851***）时钟偏差，总表时钟异常情况如图5-13所示。

	计量点名称	事件对象	异常类型	发生次数	重要级别
1		100085*	时钟异常	2	严重告警
2		100085*	时钟异常	3	严重告警
3		100085*	电能表电压电流异常	200	严重告警

图5-13　总表时钟异常情况

整改措施：更换台区总表。

整治效果：自2020年3月11日起，台区线损率下降到2.69%，且后续合格稳定。××三组公用变压器整改后线损曲线图如图5-14所示。

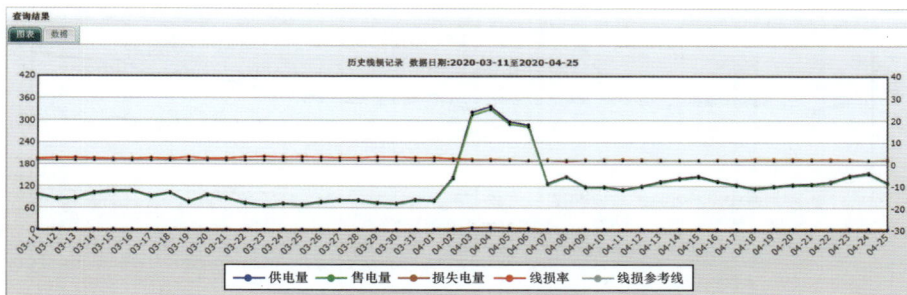

图5-14　××三组公用变压器整改后线损曲线图

第二节　计量装置故障

案例1　关口互感器影响线损（一）

案例现象：PMS_××三组台区（台区编号：0990100002***）原线损持

续稳定，从 2019 年 11 月 15 日起线损有时偏高。

（1）11 月 30 日，线损率为 7.51%，损失电量 75.84kWh。××三组台区异常日线损如图 5-15 所示。

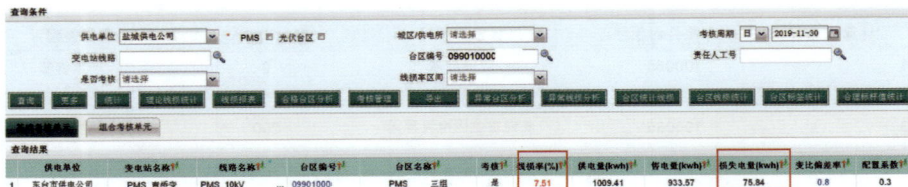

图5-15　××三组台区异常日线损

（2）连续 30 天历史线损曲线图如图 5-16 所示。

图5-16　连续30天历史线损曲线图

核查结论： 该台区现场核查户用变压器、用户用电均未发现问题，进一步检查发现台区互感器老化开裂，初步怀疑此问题影响计量，产生误差，导致台区线损不达标。互感器老化开裂现场图如图 5-17 所示。

整改措施： 在营销系统发起计量装置故障流程，更换电流互感器。现场运检室人员配合安排停电。更换电流互感器流程如图 5-18 所示。

整治效果： 电流互感器更换后，自 2019 年 12 月 4 日起，台区线损率下降到 4% 以内，线损合格。××三组台区整改前后线损曲线图如图 5-19 所示。

图5-17　互感器老化开裂现场图

图5-18　更换电流互感器流程

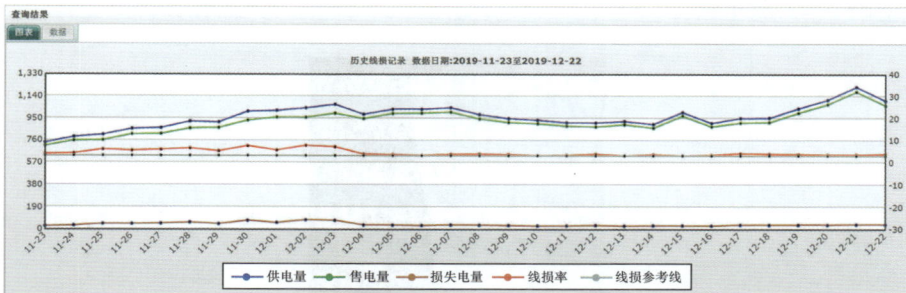

图5-19　××三组台区整改前后线损曲线图

案例2　关口互感器影响线损（二）

案例现象： PMS_××商住楼（台区编码：0990100030***）2019年9月台区线损开始出现持续负损，2019年9月至2020年1月，线损偏低，××商住楼月线损曲线图如图5-20所示。

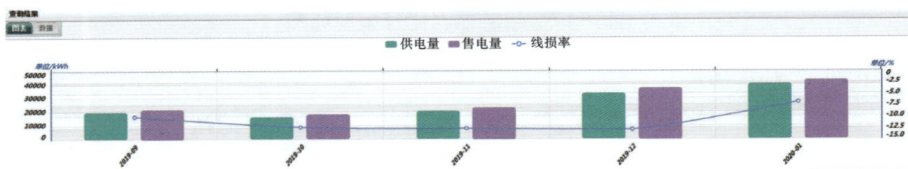

图5-20　××商住楼月线损曲线图

核查结论： 线损核查小组对该台区现场核查，发现户变关系正确、客户电能表正常。但关口表计显示电压为260V，关口互感器为非公司资产，箱式变电站箱体腐蚀严重，初步怀疑此问题造成该台区线损不达标。现场计量装置如图5-21所示。

图5-21　现场计量装置

箱式变电站箱体腐蚀情况如图 5-22 所示。

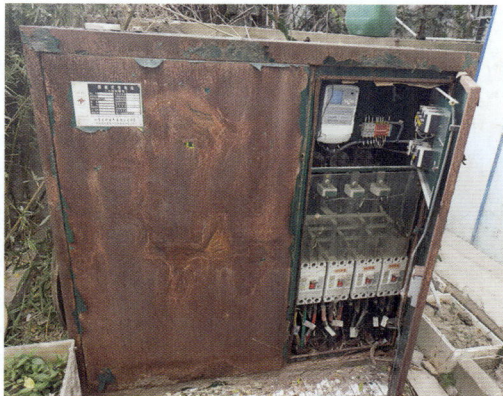

图5-22　箱式变电站箱体腐蚀情况

整改措施：对腐蚀严重的箱式变电站，报配电工区进行更换。2020 年 1 月 16 日对异常的总表及互感器进行更换。更换总表及互感器流程如图 5-23 所示。

用电客户信息　客户基本信息
用户编号 7103907　查询　更多
基本档案　电量账务信息　客户服务信息　客户行为规范　关联发电客户　客户地理展示　用电负荷曲线　用户电子档案　用户接线图　客户画像
业务受理信息　用户计费相关变更　客户供用电合同　电费交费协议　客户履约担保　业务费用　客户接触记录　修改档案维护记录　档案核查流程　用户电子化积分　档案维护流程　服务视图
业扩传票信息

操作	申请编号	流程名称	开始时间	结束时间	状态
	300214125	改类	2020-01-16	2020-01-19	完成
	190006730	低压非居民新装	2012-06-12	2012-06-26	完成

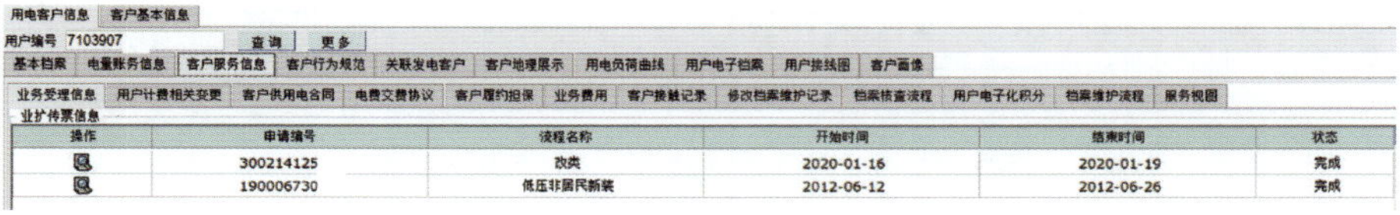

图5-23　更换总表及互感器流程

整治效果：自更换总表及互感器后，线损持续达标。× × 商住楼台区整改后线损曲线图如图 5-24 所示。

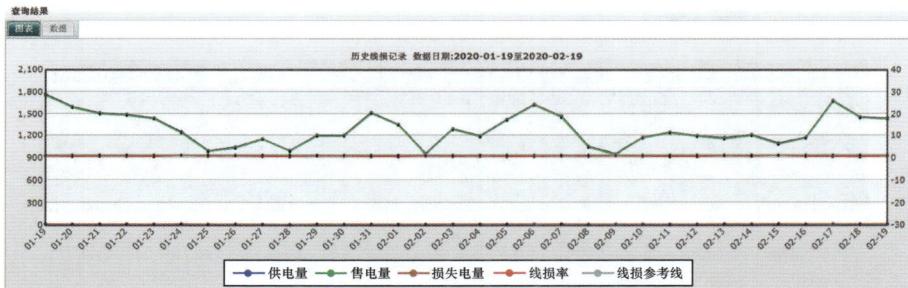

图5-24　× × 商住楼台区整改后线损曲线图

案例3　关口表一相失压

案例现象： PMS_××1号变压器（台区编码：3090102491***）2020年3月22日~24日台区线损率均为负值，该台区原线损率长期稳定。××1号变压器历史线损曲线图如图5-25所示。

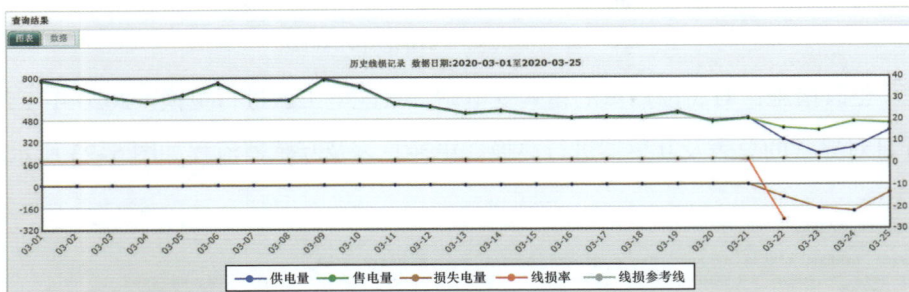

图5-25　××1号变压器历史线损曲线图

核查结论： 该台区用户日电量无明显突增，关口表计经过系统统一视图召测，发现关口表于3月22日12时45分开始一相失压，关口表3月22日电压曲线图如图5-26所示。

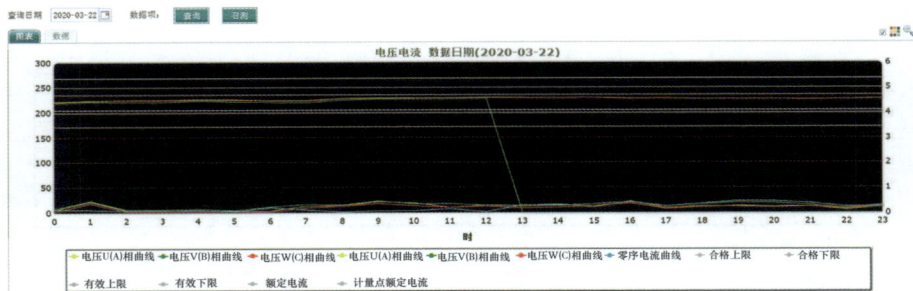

图5-26　关口表3月22日电压曲线图

经现场检查，关口表计由于施工队安装时螺钉未拧紧，长期用电发热，B相连接片松动，A相接线氧化接触不良，导致台区线损出现负值。

整改措施： 现场检查接线并将缺陷及时整改。对该台区 3 月 22 日~25 日关口表计少计电量进行了核算，追补电量 517kWh。营销系统退补流程如图 5-27 所示。

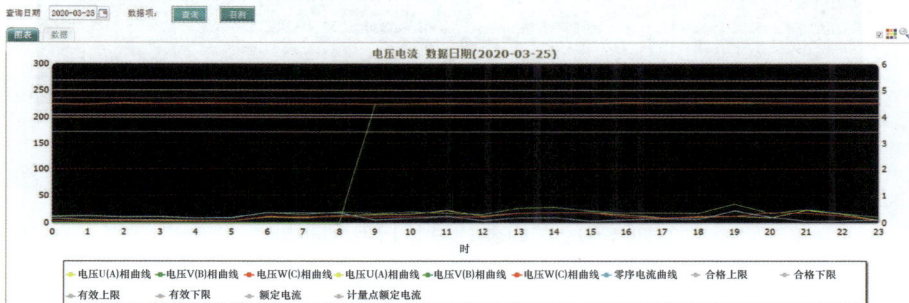

图5-27　营销系统退补流程

整治效果： 现场缺陷处理结束后，B 相电压于 3 月 25 日 8 时 30 分恢复正常，台区线损合格，关口表 3 月 25 日电压曲线图如图 5-28 所示。

图5-28　关口表3月25日电压曲线图

案例 4　关口表某相电流失流（一）

案例现象： PMS_××1 号公用台区（台区编号：0990100005***）2019 年 12 月 12 日起供电量突降，线损率为 -22.49%。××1 号公用台区历史线损曲线图如图 5-29 所示。

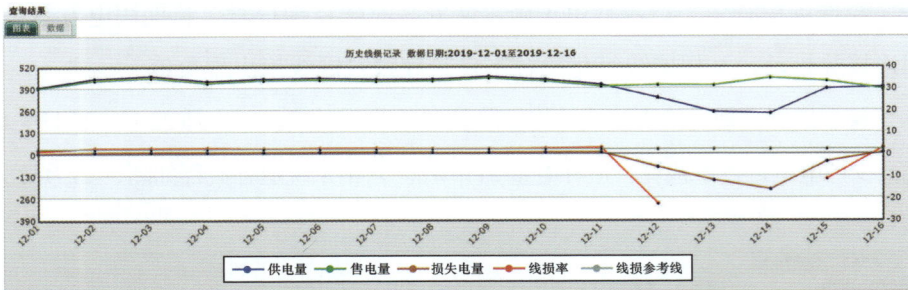

图5-29　××1号公用台区历史线损曲线图

核查结论： 经用采系统分析，发现关口表 A 相电流自 12 月 12 日 16 时左右缺失。关口表 12 月 12 日电流曲线图如图 5-30 所示。

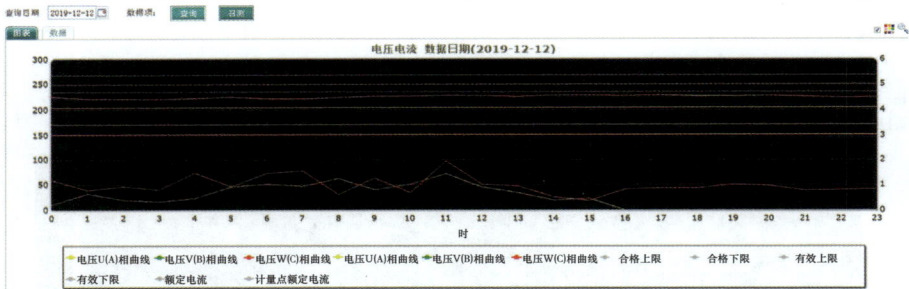

图5-30　关口表12月12日电流曲线图

现场检查发现，故障点为 A 相互感器二次线断线（黑色）。互感器现场接线图如图 5-31 所示。

图5-31　互感器现场接线图

整改措施：12 月 15 日现场将断线重新连接，电流恢复正常。

整治效果：自 12 月 16 日起，线损恢复正常，××1 号公用台区整改前后线损曲线图如图 5-32 所示。

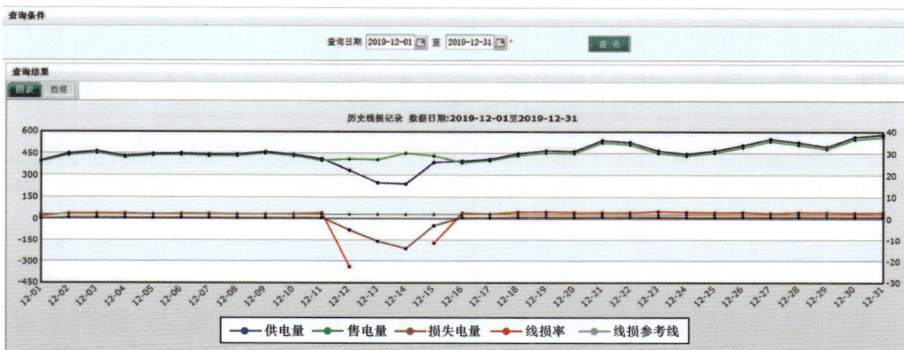

图5-32　××1号公用台区整改前后线损曲线图

案例 5　关口表某相电流失流（二）

案例现象：PMS_×× 五台区（台区编码：3090102880***），2020 年 1 月 16 日配电变压器正式送电投运成功，用户调整到位后台区线损率为负。×× 五台区历史线损数据如图 5-33 所示。

电量日期	供电量	售电量	线损率	损失电量
2020-01-16	0	123.78		-123.78
2020-01-17	68.4	85.24	-24.62	-16.84
2020-01-18	56.4	136.29	-141.65	-79.89
2020-01-19	72	154.59	-114.71	-82.59
2020-01-20	138	169.54	-22.86	-31.54

图5-33　××五台区历史线损数据

核查结论：经现场核查台区户变关系正确，进一步分析用采系统数据发现该新增台区 B 相电流曲线数据投运后一直为零，初步判定台区负损因考核表计 B 相未计量引起。用电信息采集系统电流数据如图 5-34 所示。

日期	相序	点数	00:00	00:15	00:30	00:45	01:00	01:15	01:30	01:45	02:00	02:15	02:30	02:45	03:00	03:15	03:30	03:45	04:00	04:15
2020-01-20	电流U(A)相曲线	96	0.044	0.043	0.042	0.041	0.041	0.042	0.044	0.04	0.041	0.042	0.036	0.034	0.033	0.026	0.024	0.026	0.023	0.025
2020-01-20	电流V(B)相曲线	96	0	0	0	0	0	0	0	0	0	0	0	0	0	0	0	0	0	0
2020-01-20	电流W(C)相曲线	96	0.035	0.042	0.035	0.027	0.031	0.032	0.035	0.03	0.032	0.025	0.026	0.031	0.026	0.025	0.036	0.037	0.028	0.035
2020-01-20	零序电流曲线	96	0.035	0.031	0.03	0.03	0.029	0.026	0.031	0.027	0.031	0.039	0.034	0.026	0.029	0.025	0.024	0.028	0.02	0.025

图5-34　用电信息采集系统电流数据

1 月 20 日通过现场检查发现，××五台区 B 相有用电户，电流不应为零。经排查考核表计接线发现接线盒 B 相电流线螺钉未拧紧，处于虚接未连通状态，导致考核表计 B 相电流为零，经现场处理后电流恢复正常。整改后用电信息采集系统电流数据如图 5-35 所示。

08:00	08:15	08:30	08:45	09:00	09:15	09:30	09:45	10:00	10:15	10:30	10:45	11:00	11:15	11:30	11:45	12:00	12:15	12:30	12:45	13:00	13:15	13:30	13:45	14:00
0.014	0.016	0.104	0.03	0.04	0.178	0.055	0.144	0.109	0.025	0.03	0.102	0.051	0.12	0.12	0.112	0.052	0.11	0.049	0.108	0.11	0.021	0.125	0.044	0.026
0	0	0	0	0	0	0	0	0	0.131	0.1	0.106	0.098	0.122	0.068	0.102	0.05	0.063	0.056	0.096	0.043	0.066	0.056	0.123	0.054
0.038	0.031	0.036	0.131	0.02	0.059	0.058	0.055	0.054	0.057	0.055	0.028	0.035	0.064	0.022	0.024	0.028	0.026	0.022	0.037	0.029	0.03	0.029	0.027	0.022
0.027	0.018	0.077	0.125	0.034	0.158	0.056	0.129	0.106	0.095	0.052	0.095	0.077	0.068	0.104	0.099	0.046	0.114	0.063	0.105	0.089	0.054	0.098	0.099	0.044

图5-35　整改后用电信息采集系统电流数据

整改措施：现场将接线螺钉拧紧，观察现场表计实时数据已正常，重新加封表计及互感器。

整治效果：1 月 21 日起该台区线损恢复正常。××五台区整改后线损数据如图 5-36 所示。

查询条件

查询日期 2020-01-16 至 2020-01-25 * 查询

查询结果

图表 **数据**

电量日期	供电量	售电量	线损率	损失电量
2020-01-16	0	123.78		-123.78
2020-01-17	68.4	85.24	-24.62	-16.84
2020-01-18	56.4	136.29	-141.65	-79.89
2020-01-19	72	154.59	-114.71	-82.59
2020-01-20	138	169.54	-22.86	-31.54
2020-01-21	182.4	176	3.51	6.4
2020-01-22	190.8	182.83	4.18	7.97
2020-01-23	187.2	180.85	3.39	6.35
2020-01-24	236.4	229.11	3.08	7.29
2020-01-25	297.6	289.11	2.85	8.49

图5-36　××五台区整改后线损数据

案例6　电能表超差

案例现象: PMS_××7号变压器（台区编码：0990100029***），台区线损一直保持稳定，自 2020 年 2 月 29 日出现负损，线损率为 –18.78%。××7号变压器历史线损曲线图如图 5–37 所示。

查询结果

图表 数据

历史线损记录 数据日期:2020-02-15至2020-03-03

—— 供电量　—— 售电量　—— 损失电量　—— 线损率　—— 线损参考线

图5-37　××7号变压器历史线损曲线图

通过电量相关性查询每日用户用电明细，对 2 月 25 日 ~3 月 3 日用户电量进行分析。用电信息采集系统内用户用电情况如图 5–38 所示。

图5-38　用电信息采集系统内用户用电情况

核查结论： 用户陈×（户号 7927009***），自 2 月 28 日起日用电量突增，增幅与台区负损幅度一致，判断该户表计出现飞走现象。经现场检查，用户表计接线烧坏，导致表计示数飞走。7927009*** 用户日用电量情况如图 5-39 所示。

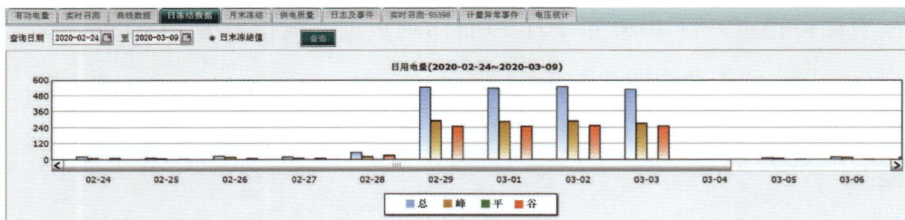

图5-39　7927009***用户日用电量情况

整改措施： ×× 供电所于 3 月 4 日为用户更换了表计与接线，用户业务受理信息如图 5-40 所示。

图5-40　7927009***用户业务受理信息

根据计算，对该用户 2 月 28 日~3 月 4 日异常电量进行了退补（编号：300216877***），补电量 2456kWh，营销系统退补流程如图 5-41 所示。

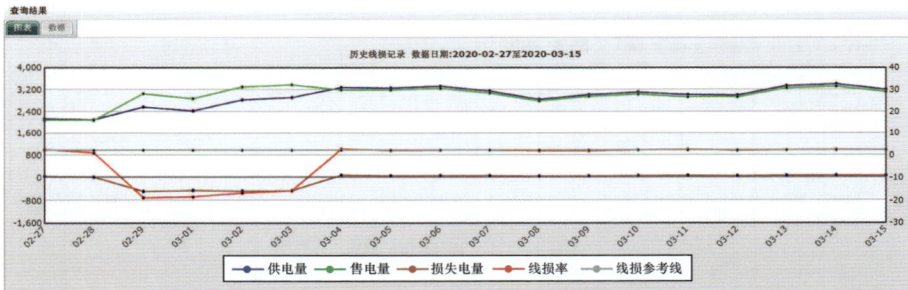

图5-41　营销系统退补流程

整治效果： 自该户异常处理后，××7 号变压器台区线损在 3% 以下，线损合格。××7 号变压器整改前后线损曲线图如图 5-42 所示。

图5-42　××7号变压器整改前后线损曲线图

案例 7　接线盒烧坏

案例现象： PMS_××8 号台区（台区编码：3090102138***），出现负线损，2020 年 3 月 11 日线损为 -14.63%，损失电量 -15.71kWh。××8 号台区典型日线损图如图 5-43 所示。

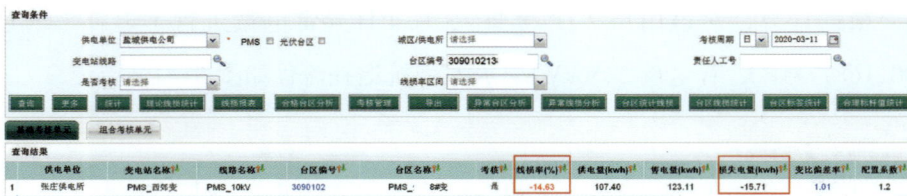

图5-43 ××8号台区典型日线损图

核查结论： 现场核查该台区户变关系及400V低压线路，用户接户线以及用户计量装置均无问题，经过系统比对，发现3月11日集中器电压、电流曲线异常，W（C）相电流为–0.016A。电压曲线图如图5-44所示，电流曲线图如图5-45所示。

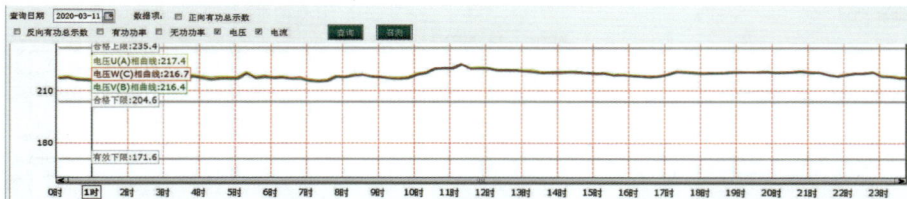

图5-44 电压曲线图

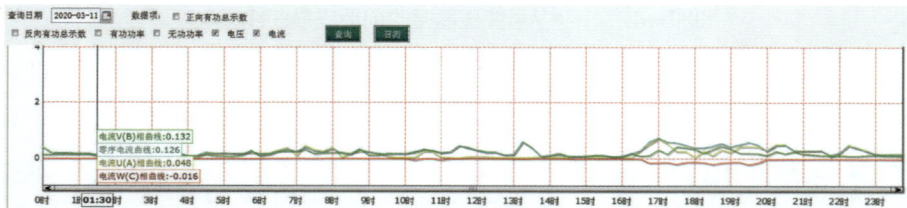

图5-45 电流曲线图

经现场检查，联合接线盒C相螺钉有焦糊痕迹，疑似击穿，由于C相用户户数较少，平时电量较少，线损未显示出异常，近期用电较多，线损值为负值。

整改措施： 更换联合接线盒，现场用钳形电流表测量电流值为0.021A，经用电信息采集系统查询W（C）相电流为0.023A，电流值恢复正常，整改后电流曲线图如图 5-46 所示。

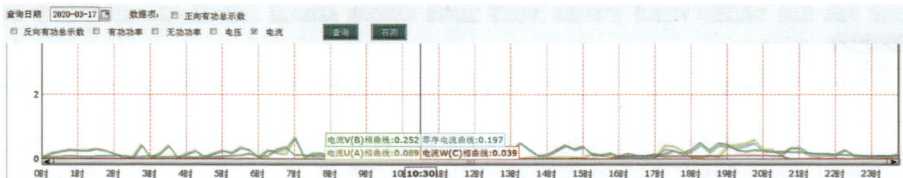

图5-46　整改后电流曲线图

整治效果：台区电流曲线已恢复正常，日线损率降至 2%~3%，线损合格。××8 号台区整改前后线损曲线图如图 5-47 所示。

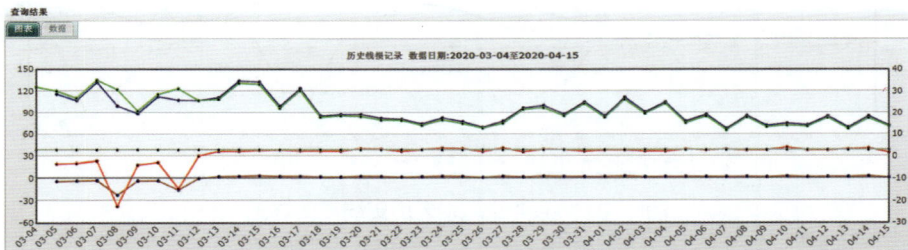

图5-47　××8号台区整改前后线损曲线图

案例8　总表计量异常

案例现象：××九台区（台区编号：3090102265***）从 2020 年 1 月 20 日起线损有时为负。

（1）××九台区 2 月 6 日线损不达标典型日线损如图 5-48 所示，线损率为 −27.23%，损失电量 −58.06kWh。

图5-48　××九台区2月6日线损不达标典型日线损图

（2）连续至少 30 天历史线损曲线图如图 5-49 所示。

图5-49　连续至少30天历史线损曲线图

核查结论： 通过分析发现 ×× 九台区总表（户号：7104620***）反向示数冻结异常，如 2 月 5 日光伏用户上网电量为 22.7kWh，总表反向电量为 103.58kWh。2 月 9 日光伏用户上网电量为 81.63kWh，总表反向电量为 106.068kWh，总表反向电量大于光伏用户上网电量。台区总表反向示数冻结异常。

整改措施： 2 月 12 日对 ×× 九台区总表表计进行了更换。营销系统流程图如图 5-50 所示。

图5-50　营销系统流程图

整治效果：台区总表更换后，从 2 月 13 日起，台区线损恢复正常。××九台区整改前后线损对比曲线图如图 5-51 所示。

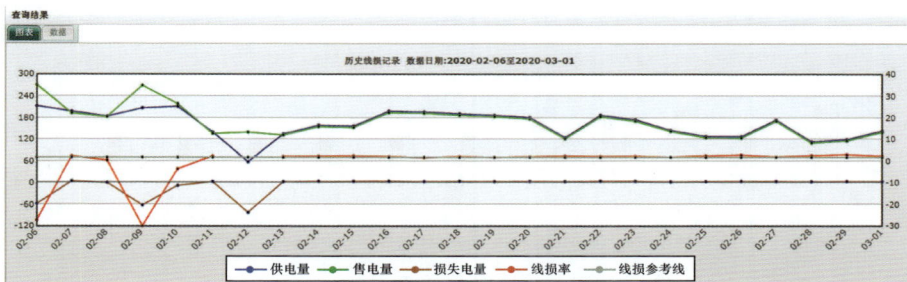

图5-51　　××九台区整改前后线损对比曲线图

案例 9　用户表计故障（一）

案例现象：PMS_××17 号台区（台区编码：3090101442***），台区线损偏高，偶有发生线损率超过 5% 的现象。2020 年 1 月 9 日~16 日，线损偏高，1 月 16 日线损率高达 20.07%。××17 号台区历史线损曲线图如图 5-52 所示。

图5-52　　××17号台区历史线损曲线图

核查结论：现场核查该台区户变关系、关口表计均无问题，经过系统比对，发现用户 ×× 不锈钢制品厂（总户号：7104244***）日均用电量有所下降。该台区下用户共计 16 户，其余用户日均用电量均正常，唯独此户有电量下降趋势，用户用电量情况如图 5-53 所示。

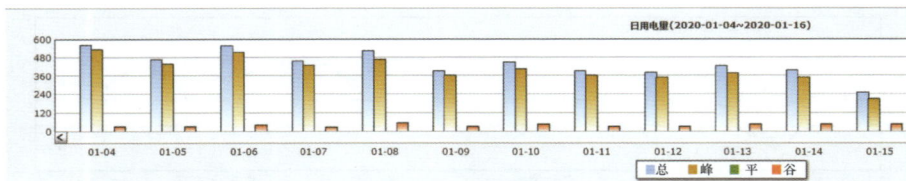

图5-53　用户用电量情况

经现场检查，用户表计 C 相桩头氧化，接触不良，导致台区线损升高，故障表计现场图如图 5-54 所示。

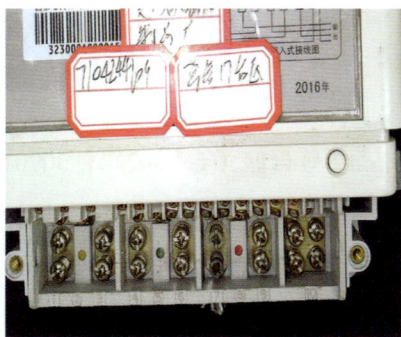

图5-54　故障表计现场图

通过用电信息采集系统需量示数检查用户运行容量为 66kW，未发生超容行为。用户最大需量如图 5-55 所示。

图5-55　用户最大需量

整改措施：由于用户预计扩大生产规模，已够买相关生产设备，根据用户现场需投入的用电设备，与用户沟通增容，用户于 1 月 17 日至供电所办理了低压非居民增容流程，营销系统内用户业务受理情况如图 5-56 所示。

图5-56 营销系统内用户业务受理情况

对该用户 1 月 9 日至 18 日桩头氧化电量进行计算，补电量 1110kWh，营销系统退补流程如图 5-57 所示。

图5-57 营销系统退补流程

整治效果：现场更换故障表计，低压非居民增容流程 1 月 21 日归档。自该户异常处理后，×× 17 号台区线损率下降到 1% 以下，线损合格。×× 17 号台区整改前后线损曲线图如图 5-58 所示。

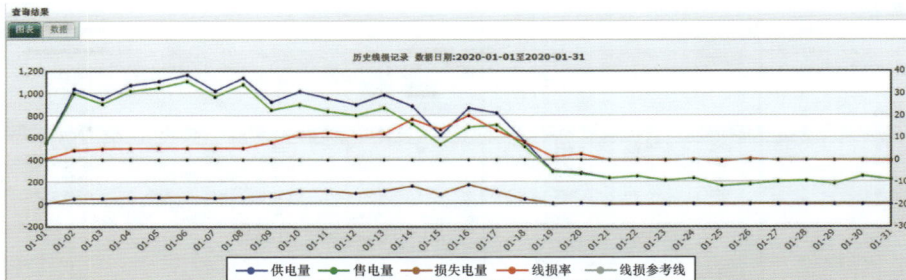

图5-58 ××17号台区整改前后线损曲线图

案例 10 用户表计故障（二）

案例现象：PMS_×× 街道二台区（台区编号：3090102172***）自 2019 年 10 月 25 日~11 月 13 日出现多天高损。×× 街道二台区历史线损曲线图如图 5-59 所示。

图5-59 ××街道二台区历史线损曲线图

核查结论：

（1）通过采集系统的"运行管理"—"异常处理"—"计量在线监测"模块显示该配电变压器用户电能表出现"电能表断相"情况，用户基本信息：用户编号 7251011***、电能表编号 1541811***、用户名称吉 ××、综合倍率 20。7251011*** 用户电能表断相信息如图 5-60 所示。

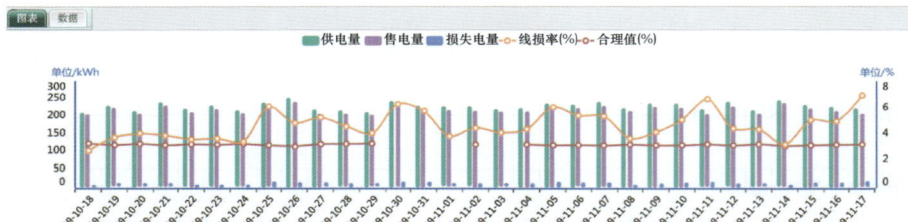

图5-60 7251011***用户电能表断相信息

7251011*** 用户电能表电压数据如图 5-61 所示。

查询日期 2019-10-31 数据项： 正向有功总示数
反向有功总示数 有功功率 无功功率 电压 电流 查询 召测
图表 数据

日期	相序	点数	00:00	01:00	02:00	03:00	04:00	05:00	06:00	07:00	08:00	09:00	10:00	11:00
2019-10-31	电压U(A)相曲线	24	231	229.3	230.6	229	228.9	228.9	226.8	224.5	226.7	230.1	227.8	228.9
2019-10-31	电压V(B)相曲线	24	213.8	211.1	212.6	210.6	210.7	210.8	207.9	206	187.9	209.2	205.5	205.8
2019-10-31	电压W(C)相曲线	24	142.1	139.7	140.3	139.4	139.7	139.6	138.2	136.5	147.7	147.4	146.6	151.6

相序	12:00	13:00	14:00	15:00	16:00	17:00	18:00	19:00	20:00	21:00	22:00	23:00
电压U(A)相曲线	233.5	230.6	231.1	230.6	229.8	231.3	234.4	236.1	235.4	233.6	235	235.7
电压V(B)相曲线	212.4	205	204.6	209.8	209.4	213.3	214.7	215.9	216.6	217.6	216.4	218.8
电压W(C)相曲线	155	154.6	157.3	155.7	152.2	150.7	148.7	145.8	145.5	145.1	141.9	142.1

图5-61 7251011***用户电能表电压数据

（2）现场检查。现场检查发现该户的电流互感器 C 相（100/5）电压铜铝接触不良导致电压断相故障。

整改措施：现场停电处理断相故障，电压已经恢复正常。结合故障前后台区日线损数据和采集系统数据，按日均用电量在营销系统中进行追补，应补电量 338kWh（申请编号 300208408***）。现场实测电压数据如图 5-62 所示。

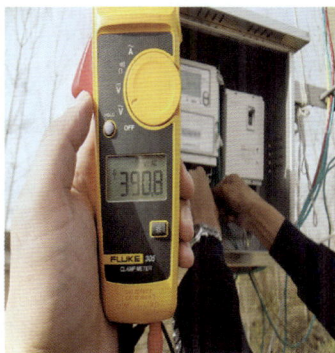

图5-62 现场实测电压数据

整治效果：自 11 月 20 日起，台区线损率下降到 3% 以下。×× 街道二台区整改后线损曲线图如图 5-63 所示。

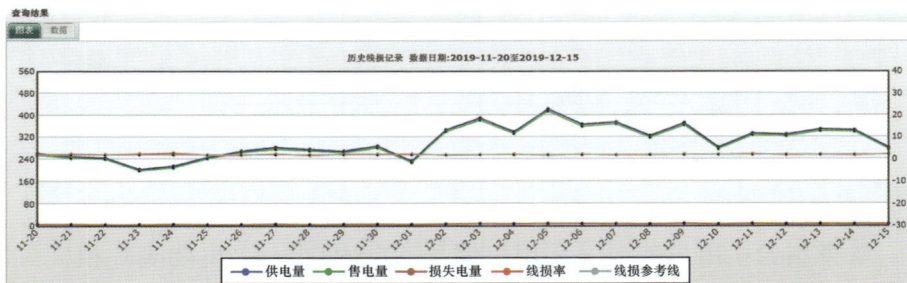

图5-63 ××街道二台区整改后线损曲线图

案例 11　用户表计故障（三）

案例现象： PMS_××4 号变压器（台区编号：3090102353***）原线损率持续稳定，2020 年 3 月 21 日起线损率突然异常增高。

（1）典型日线损图：3 月 21 日，台区全采集高线损，线损率为 6.35%，损失电量 13.58kWh。××4 号变压器台区典型日线损图如图 5-64 所示。

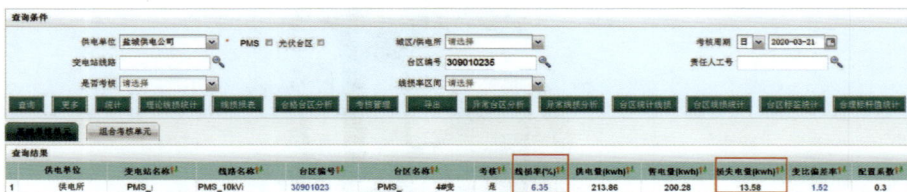

图5-64　××4号变压器台区典型日线损图

（2）××4 号变压器台区连续 30 天历史线损曲线图，如图 5-65 所示。

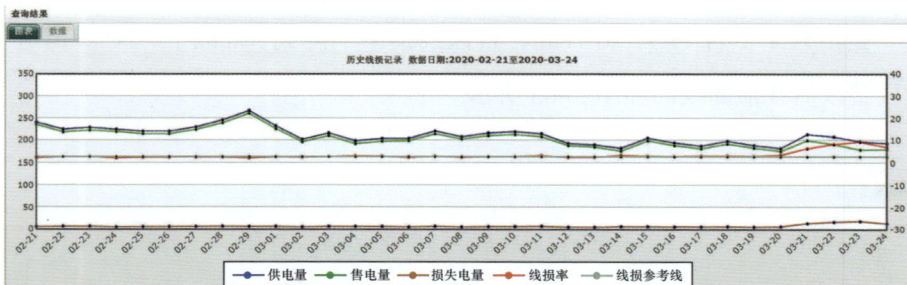

图5-65　××4号变压器台区连续30天历史线损曲线图

核查结论： 用户陈××（用户编号：7456006***）电能表 C 相桩头烧坏，现场表计图如图 5-66 所示。

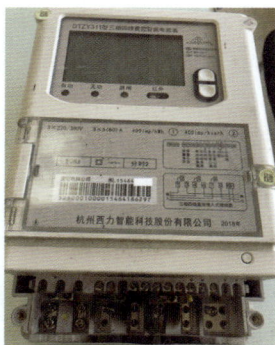

图5-66　现场表计图

整改措施：对该用户的电能表立即进行更换。更换 7456006*** 用户电能表流程如图 5-67 所示。

图5-67　更换7456006***用户电能表流程

整治效果：自 3 月 25 日起，台区线损率下降到 3% 以内。××4 号变压器台区整改前后线损曲线图如图 5-68 所示。

图5-68　××4号变压器台区整改前后线损曲线图

案例 12　用户表计故障（四）

案例现象：PMS_××北公用变压器（台区编号：3090102352***）原线损率持续稳定，2020年2月21日起线损率突然异常增高。2月21日，台区全采集高线损，线损率为20.25%，损失电量27.22kWh。××北公用变压器台区典型日线损图如图5-69所示。

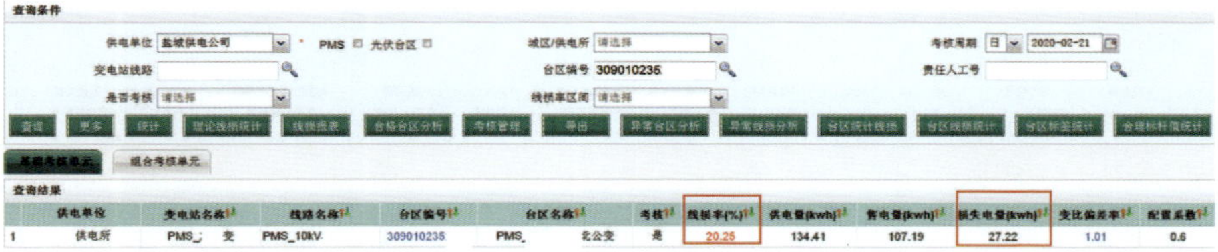

图5-69　××北公用变压器台区典型日线损图

核查结论：用户朱××（用户编号：7355010***）计量表计接线烧坏，导致表计停走，现场表计图如图5-70所示。

图5-70　现场表计图

整改措施：立即更换该用户表计，并追补电量。营销系统内用户业务受理信息如图 5-71 所示。

图5-71　营销系统内用户业务受理信息

整治效果：自 3 月 6 日起，台区线损率下降到 3% 以内。××北公用变压器台区整改后线损曲线图如图 5-72 所示。

图5-72　××北公用变压器台区整改后线损曲线图

案例 13　用户表计错接线（一）

案例现象：

（1）PMS_××15 号台区（台区编号：3090102427***），2018 年 7 月 7 日开始线损明显偏高，系统分析未发现大电量用户电量突增突减。××15 号台区历史线损数据如图 5-73 所示。

查询结果

电量日期	供电量	售电量	线损率(%)
2018-07-13	427.2	420.44	1.58
2018-07-12	1314.5	1010.33	23.14
2018-07-11	288.1	115.89	59.77
2018-07-10	184.6	117.43	36.39
2018-07-09	432	77.89	81.97
2018-07-08	297.2	67.98	77.13
2018-07-07	173	72.68	57.99
2018-07-06	73.3	71.73	2.14
2018-07-05	79.2	77.08	2.68
2018-07-04	103.7	100.63	2.96
2018-07-03	86.1	83.53	2.98

图5-73 ××15号台区历史线损数据

（2）分析发现一农业生产用户陈××，户号7105009***，每日用电量接近于0，现场核查得知该用户7月初开始正常用电，基本锁定嫌疑对象。用户用电量情况如图5-74所示。

图5-74 用户用电量情况

核查结论：经现场进一步检查发现电能表B相电压接在电能表的8孔，而C相电压接在电能表的5孔，即B、C相电压接反了，导致电能表少计或不计电量。现场表计接线图如图5-75所示。

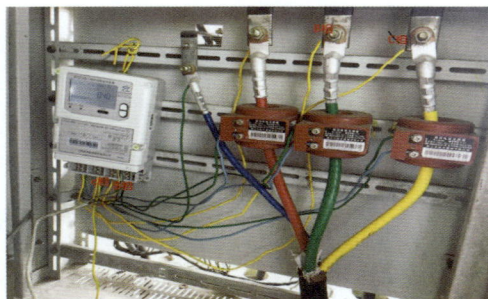

图5-75 现场表计接线图

整改措施：现场整改接线，电能表开始正常计量。

整改效果：自 7 月 13 日起，台区线损恢复合格，××15 号台区整改前后线损曲线图如图 5-76 所示。

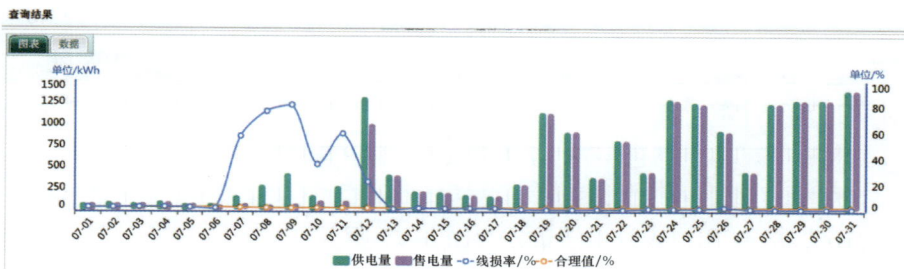

图5-76　××15号台区整改前后线损曲线图

案例14　用户表计错接线（二）

案例现象：PMS_万锦××3号主变压器（台区编号：3090102735***）自 2019 年 12 月 29 日起，台区线损率逐步上升，2020 年 1 月 2 日线损率达到 12.19%。万锦××3 号主变压器台区历史线损曲线图如图 5-77 所示。

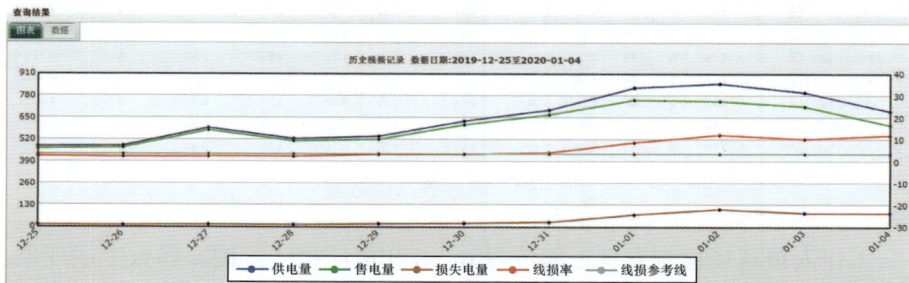

图5-77　万锦××3号主变压器台区历史线损曲线图

核查结论：经用电信息采集系统电量相关性分析发现 7105268*** 用户相关系数为 0.99，台区线损异常与该户相关。2019 年 12 月 29 日之前该户每日用电量比较小，台区线损率正常在 2.5% 左右，29 日开始该户用电量逐步上升，台区线损率随之上升。7105268*** 用户用电情况如图 5-78 所示。

用户电量　2019-12-25 至 2020-01-04　剔除采集失败日期　电量相关性查询

	电表局编号	用户编号	相关系数	事件告警	2019-12-25	2019-12-26	2019-12-27	2019-12-28	2019-12-29	2019-12-30	2019-12-31	2020-01-01	2020-01-02	2020-01-03	2020-01-04	用户名称
1	053728	71052	0.89	否	481.71	485.01	591.03	526.14	540.86	630.75	696.38	827.16	852.18	799.83	683.71	江苏
2	154379	71052	0.99	否	1.2	0.9	1.8	1.2	7.2	2.4	3.9	38.7	48.6	43.8	38.7	江苏信
3	154379	71052	0.6	否	46.2	63	82.2	70.8	119.7	136.5	123.9	118.8	185.1	88.4	115.5	吉

图5-78　7105268***用户用电情况

7105268*** 用户表计电流数据如图 5-79 所示。

查询日期 2019-12-31　数据项：正向有功总示数　反向有功总示数　有功功率　无功功率　电压　电流　查询　召测

图表　数据

日期	相序	点数	00:00	01:00	02:00	03:00	04:00	05:00	06:00	07:00	08:00	09:00	10:00	11:00
2019-12-31	电流U(A)相曲线	24	0	0	0	0	0	0	0	0	0	0	0	0
2019-12-31	电流V(B)相曲线	24	-0.51	-0.81	0.21	0.21	-0.54	0.21	-0.84	0.18	-0.57	0.18	-0.84	-0.6
2019-12-31	电流W(C)相曲线	24	0.51	0.81	-0.21	-0.21	0.54	-0.21	0.84	-0.18	0.57	-0.18	0.81	0.6
2019-12-31	零序电流曲线	24												

日期	相序	12:00	13:00	14:00	15:00	16:00	17:00	18:00	19:00	20:00	21:00	22:00	23:00
2019-12-31	电流U(A)相曲线	0	0	0	0	0	0	0	0	0	13.65	0.33	0.33
2019-12-31	电流V(B)相曲线	-0.6	0.18	0.45	-0.33	-0.33	-0.81	0.3	0.42	1.11	7.23	3.99	0.69
2019-12-31	电流W(C)相曲线	0.6	-0.18	-0.45	-0.33	0.33	0.81	-0.27	-0.42	-1.14	7.23	-3.99	-0.69
2019-12-31	零序电流曲线												

图5-79　7105268***用户表计电流数据

可以看出 B、C 两相电流为负，属于异常数据。电能表冻结数据如图 5-80 所示，“反向有功总”从 12 月 30 日开始记数。

查询日期 2019-12-28 至 2020-01-06　日末冻结值　查询　历史数据查询　导出

日期	正向有功					反向有功	无功					
	总	尖	峰	平	谷		正向	反向	一象限	二象限	三象限	四象限
2020-01-06	10.95	0	6.1	4.14	0.69	0.06	2.69	1.5	2.57	0.12	0	1.5
2020-01-05	8.47	0	4.61	3.2	0.66	0.06	2.25	1.44	2.15	0.1	0	1.43
2020-01-04	7.33	0	3.94	2.82	0.55	0.05	2.14	1.35	2.04	0.09	0	1.34
2020-01-03	6.04	0	3.14	2.38	0.51	0.05	2.1	1.11	2.01	0.09	0	1.11
2020-01-02	4.58	0	2.48	1.78	0.32	0.05	1.93	0.99	1.84	0.08	0	0.99
2020-01-01	2.96	0	1.5	1.21	0.24	0.04	1.79	0.69	1.71	0.07	0	0.69
2019-12-31	1.67	0	0.74	0.8	0.12	0.03	1.61	0.62	1.55	0.06	0	0.62
2019-12-30	1.54	0	0.68	0.73	0.12	0.01	1.56	0.54	1.52	0.03	0	0.54

图5-80　电能表冻结数据

工作人员现场检查发现：因该户 B、C 相电压接线颠倒，导致上述现象。

整改措施：现场将 B、C 相电压正确接入表计。

整治效果：

（1）2020 年 1 月 6 日现场改正错误接线后，实时召测电压、电流数据，显示正常。整改后 7105268*** 用户表计电压、电流数据如图 5-81 所示。

图5-81　整改后7105268***用户表计电压、电流数据

（2）1 月 7 日起台区线损恢复正常。万锦 ××3 号主变压器台区整改前后线损曲线图如图 5-82 所示。

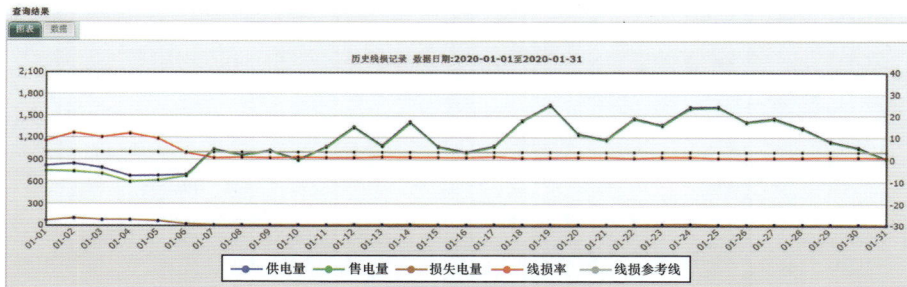

图5-82　万锦××3号主变压器台区整改前后线损曲线图

CHAPTER SIX

第六章
用户类线损典型案例

低压线损
精益化管理实务

第一节　窃电

案例 1　用户短接电能表内部进线端进行窃电

案例现象： PMS_10kV 宏都 ××S16 箱式变电站（台区编号：0990100031***）原线损率持续稳定，2018 年 3 月 26 日起线损率突然异常增高。宏都 ××S16 箱式变电站台区历史线损曲线图如图 6-1 所示。

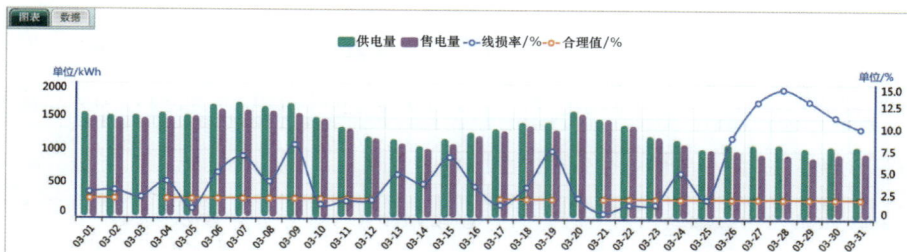

图6-1　宏都××S16箱式变电站台区历史线损曲线图

核查结论： 经系统分析查询，该台区无户用变压器、拓扑、表底示数等问题导致的线损异常；通过用电信息采集系统导出 3 月 26 日前后台区供售电量明细，台区挂接用户未发生变化，未发生采集失败问题。

线损核查人员对该台区进行分析，PMS_10kV 宏都 ××S16 箱式变电站供电小区为老小区，居民户数多，用电量大。核查人员于 2018 年 5 月 25 日对 PMS_10kV 宏都 ××S16 箱式变电站配电变压器进行现场核查，发现用户征 ××（用户编号：7105189***）私自开盖表计，私自改造表计，导致计量不准确，现场窃电行为已取证，改造后表计内部图如图 6-2 所示。

图6-2　改造后表计内部图

整改措施：对该用户按照窃电行为进行查处，追补电量 23040kWh，追补电费 12632.83 元，违约使用电费 37898.5 元，并对窃电现场进行整改。营销系统内违约窃电处罚信息如图 6-3 所示。

图6-3　营销系统内违约窃电处罚信息

整治效果：经过整治后，该台区 6 月后线损率得到明显下降并持续合格，宏都 ××S16 箱式变电站台区整改后月线损曲线图如图 6-4 所示。

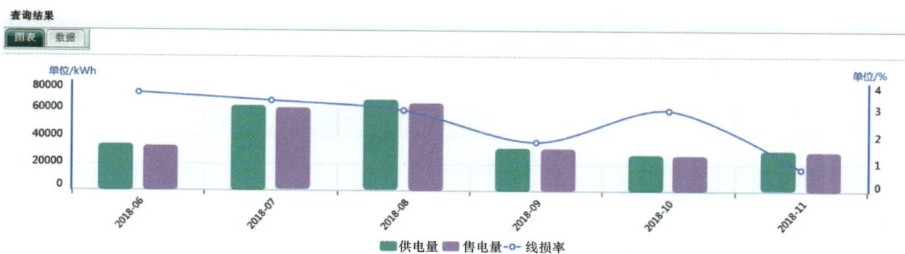

图6-4 宏都××S16箱式变电站台区整改后月线损曲线图

案例2 用户改变电能表内部芯片电路进行窃电（一）

案例现象： PMS_友创 ××4号主变压器（台区编号：3090102184***），为一小区供电变压器，台区下有用户197户，长期以来线损率一直在3.5%~5%，偶尔线损率也会大于5%，成为不合格台区。友创 ××4号主变压器历史线损数据如图6-5所示。

电量日期	供电量	售电量	线损率	损失电量
2019-11-14	667.08	643.47	3.54	23.61
2019-11-15	682.56	658.05	3.59	24.51
2019-11-16	701.94	676.09	3.68	25.85
2019-11-17	678.42	654.47	3.53	23.95
2019-11-18	712.41	690.22	3.11	22.19
2019-11-19	717.72	685.95	4.43	31.77
2019-11-20	688.95	661.11	4.04	27.84
2019-11-21	708.66	675.4	4.69	33.26
2019-11-22	693	670.42	3.26	22.58
2019-11-23	696.75	675.76	3.01	20.99
2019-11-24	710.58	680.29	4.26	30.29
2019-11-25	750.72	718.87	4.24	31.85
2019-11-26	862.5	830.84	3.67	31.66
2019-11-27	869.46	832.57	4.24	36.89
2019-11-28	866.13	825.76	4.66	40.37

图6-5 友创××4号主变压器历史线损数据

核查结论： 经过系统分析和现场检查发现7104562***用户有窃电行

为。通过用电信息采集系统透抄该用户的火线、零线电流，发现火线电流为0.708A，零线电流为5.263A，火线电流远小于零线电流，存在窃电行为。用户火线、零线电流情况如图6-6所示。

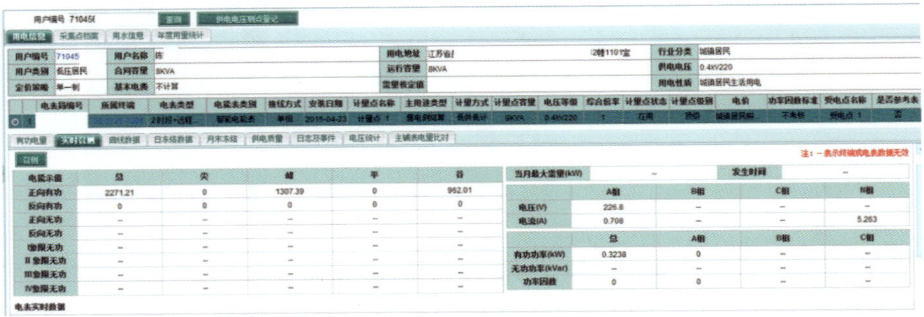

图6-6　用户火线、零线电流情况

通过用电信息采集系统可以透抄到该用户于2016年2月17日私自打开电能表的后盖进行改装电能表，达到窃电的目的。用电信息采集系统内电能表开盖记录如图6-7所示，电能表现场检查图如图6-8所示。

图6-7　用电采集系统内电能表开盖记录

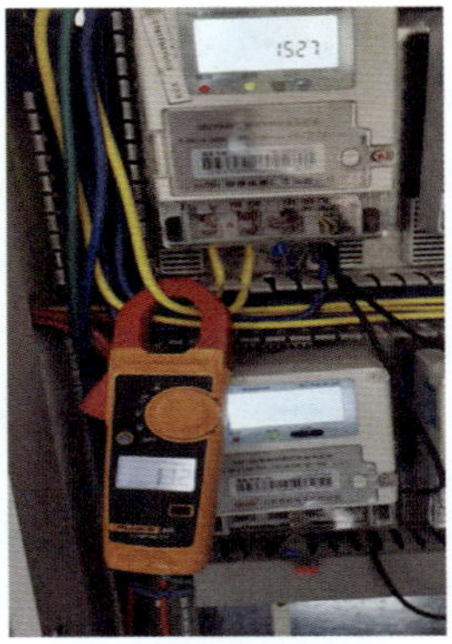

图6-8　电能表现场检查图

整改措施：该用户接受窃电处理，现场更换合格表计，营销系统内窃电处罚及整改流程记录如图 6–9 所示。

号 710456 查询 更多

档案 | 电量账务信息 | 客户服务信息 | 客户行为规范 | 关联发电客户 | 客户地理展示 | 用电负荷曲线 | 用户电子档案 | 用户接线图 | 客户画像

受理信息 | 用户计费相关变更 | 客户供用电合同 | 电费交费协议 | 客户履约担保 | 业务费用 | 客户接触记录 | 修改档案维护记录 | 档案核查流程 | 用户电子化积分 | 档

传票信息

操作	申请编号	流程名称	开始时间	结束时间
	30021040	计量装置故障	2019-12-10	2019-12-13
	30021036	违约窃电、用电流程	2019-12-10	2019-12-16
	30005238	低压批量新装	2015-03-31	2015-04-27

图6-9　营销系统内窃电处罚及整改流程记录

整治效果：台区线损迅速下降到 2% 以内，窃电处理前后线损数据如图 6–10 所示。

查询结果

图表 数据

电量日期	供电量	售电量	线损率	损失电量
2019-12-04	932.97	887.24	4.9	45.73
2019-12-05	909.93	861.14	5.36	48.79
2019-12-06	984.3	952.55	3.23	31.75
2019-12-07	1083.42	1043.6	3.68	39.82
2019-12-08	959.88	914.56	4.72	45.32
2019-12-09	861.3	820.75	4.71	40.55
2019-12-10	785.19	758.48	3.4	26.71
2019-12-11	785.34	757.34	3.57	28
2019-12-12	803.16	774.29	3.59	28.87
2019-12-13	847.98	831.46	1.95	16.52
2019-12-14	963.18	945.03	1.88	18.15
2019-12-15	886.47	868.96	1.98	17.51
2019-12-16	820.11	804.22	1.94	15.89
2019-12-17	959.64	942.66	1.77	16.98
2019-12-18	1068.96	1050.46	1.73	18.5

图6-10　窃电处理前后线损数据

案例 3　用户改变电能表内部芯片电路进行窃电（二）

案例现象：PMS_× × 小区 7 号变压器（台区编号：3090102145***），2020 年 1 月 4 日出现线损异常的情况。台区全采集高线损，线损率为 5.61%，损失电量 54.76kWh，×× 小区 7 号变压器台区典型日线损图如图 6-11 所示。

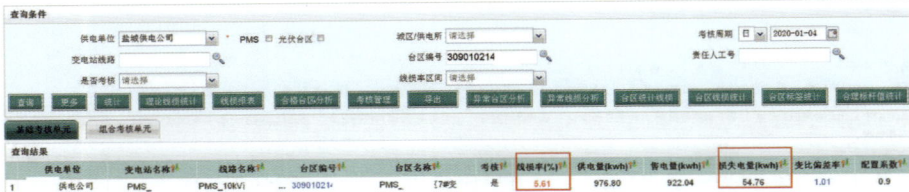

图6-11　××小区7号变压器台区典型日线损图

核查结论： 经过检查发现台区下用户徐 ××（户号：7101024***）存在窃电行为，进线电流为 19.4A，表计显示电流为 3.094A，表计内接线被改接，导致售电量少统计造成线损异常。表计现场检查图如图 6-12 所示。

图6-12　表计现场检查图

整改措施： 对该用户按照窃电行为进行查处，追补电量 9720kWh，追补电费 5135.08 元，违约使用电费 15405.23 元，并对窃电现场进行整改。营销系统内违约窃电处罚信息如图 6-13 所示。

整治效果： 自 1 月 13 日起，台区线损恢复正常，×× 小区 7 号变压器台区窃电处理后线损数据如图 6-14 所示。

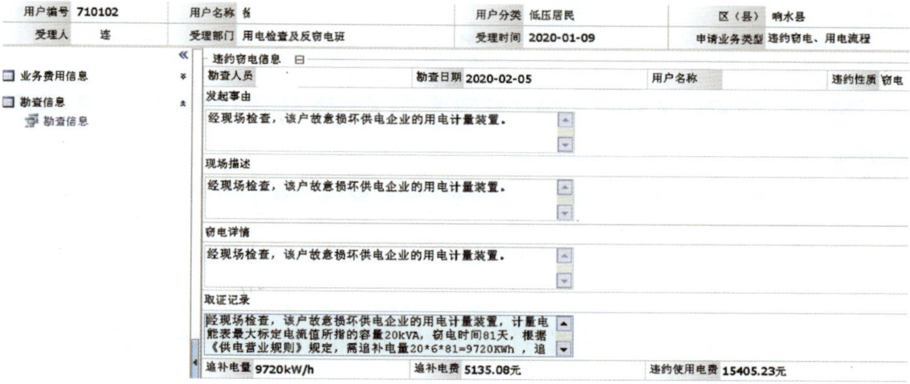

| 用户编号 710102 | | 用户名称 省 | | 用户分类 低压居民 | | 区（县） 响水县 | |
| 受理人 连 | | 受理部门 用电检查及反窃电班 | | 受理时间 2020-01-09 | | 申请业务类型 违约窃电、用电流程 | |

违约窃电信息

勘查人员　　　　　　　　　勘查日期 2020-02-05　　　　　　用户名称　　　　　　违约性质 窃电

发起事由

经现场检查，该户故意损坏供电企业的用电计量装置。

现场描述

经现场检查，该户故意损坏供电企业的用电计量装置。

窃电详情

经现场检查，该户故意损坏供电企业的用电计量装置。

取证记录

经现场检查，该户故意损坏供电企业的用电计量装置，计量电能表最大标定电流值所指的容量20kVA，窃电时间81天，根据《供电营业规则》规定，需追补电量20*6*81≈9720KWh，追

追补电量 9720kW/h　　　　　追补电费 5135.08元　　　　　违约使用电费 15405.23元

图6-13　营销系统内违约窃电处罚信息

查询结果

电量日期	供电量	售电量	线损率	损失电量
2020-01-13	1081.2	1067.57	1.26	13.63
2020-01-14	1218	1179.61	3.15	38.39
2020-01-15	1213.2	1190.56	1.87	22.64
2020-01-16	1212	1151.3733	5	60.6267
2020-01-17	1321.2	1285.45	2.71	35.75
2020-01-18	1285.2	1267.3	1.39	17.9
2020-01-19	1210.8	1188.85	1.81	21.95
2020-01-20	1248	1245.26	0.22	2.74

图6-14　××小区7号变压器台区窃电处理后线损数据

案例4　用户绕越计量装置接线窃电（一）

案例现象： PMS_城北××13号变压器（台区编号：0990100012***）线损率一直稳定，自2019年12月10日起线损率突然异常增高。

（1）典型日线损图：12月23日，台区全采集高线损，线损率为6.3%，损失电量64.57kWh。城北××13号变压器台区典型日线损图如图6-15所示。

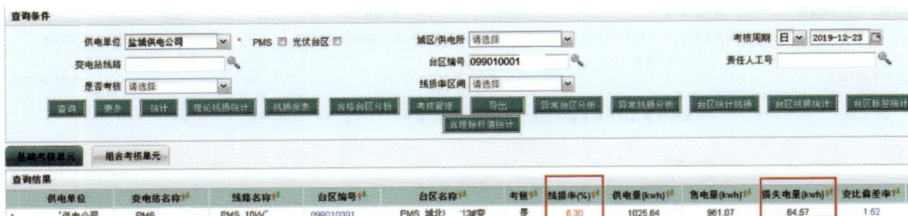

图6-15　城北××13号变压器台区典型日线损图

（2）城北 ××13 号变压器台区历史线损曲线图如图 6-16 所示。

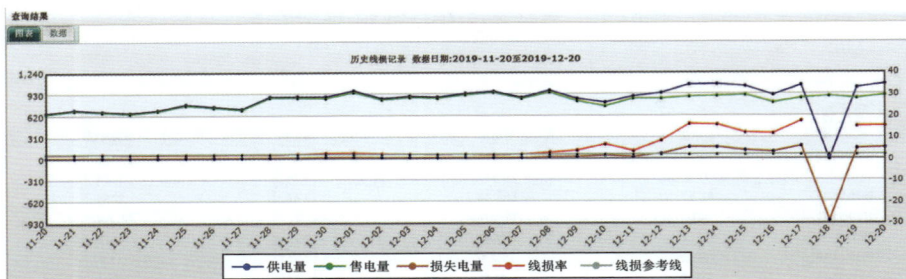

图6-16　城北××13号变压器台区历史线损曲线图

核查结论：现场检查发现用户陈 ××（用户编号：7707002***）绕越计量装置，私自接线用电，现场窃电行为已取证，现场电流实测图如图 6-17 所示。

图6-17　现场电流实测图

整改措施：对该用户按照窃电行为进行查处，追补电量 594kWh，追补电费 398.87 元、违约使用电费 1196.61 元，并对窃电现场进行整改。营销系统内业务费用信息如图 6-18 所示。

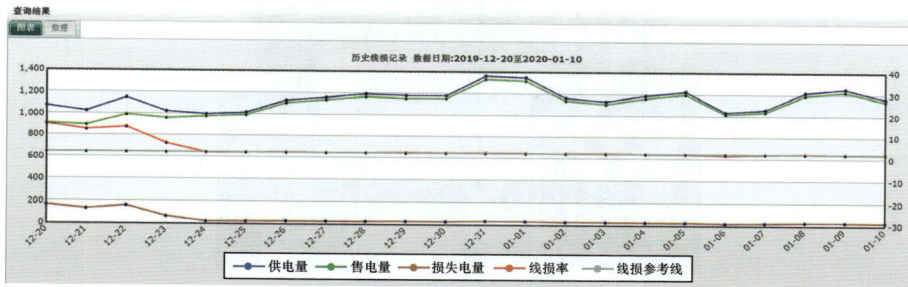

图6-18　营销系统内业务费用信息

整治效果： 窃电处理后，12 月 24 日线损已恢复正常，城北 ××13 号变压器台区窃电处理前后线损曲线图如图 6-19 所示。

图6-19　城北××13号变压器台区窃电处理前后线损曲线图

案例 5　用户绕越计量装置接线窃电（二）

案例现象： PMS_×× 二台区（台区编号：0990100002***）原线损率持续稳定，2019 年 11 月 1 日起线损率突然异常增高。2019 年 11 月 2 日，台区全采集高线损，线损率为 14.24%，损失电量 93.59kWh。×× 二台区典型日线损图如图 6-20 所示。

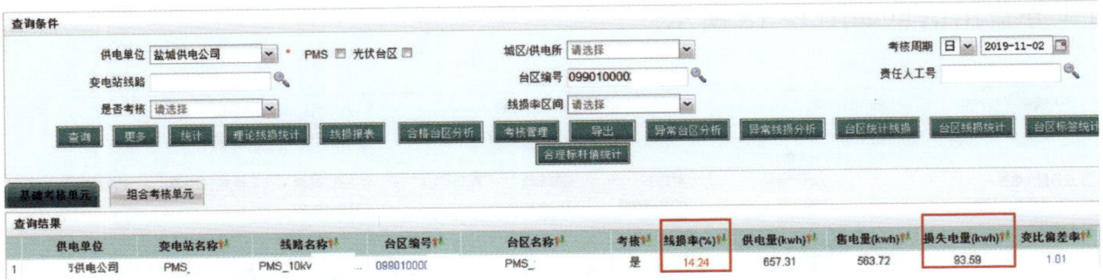

图6-20　××二台区典型日线损图

核查结论： 用户中国××股份有限公司盐城市分公司（用户编号：7104490***）绕越计量装置，私自接线用电，现场窃电行为已取证。台区下客户绕越计量装置用电现场图如图6-21所示。

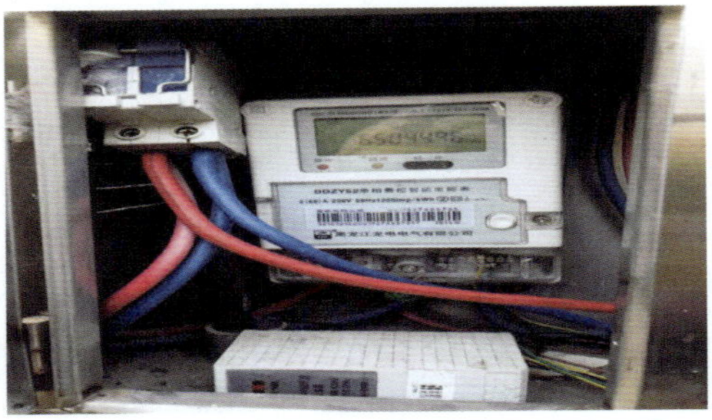

图6-21　台区下客户绕越计量装置用电现场图

整改措施： 对该用户按照窃电行为进行查处，追补电量500kWh，追补电费335.75元、违约使用电费1007.25元。并对窃电现场进行整改。营销系统内窃电查处记录如图6-22所示。

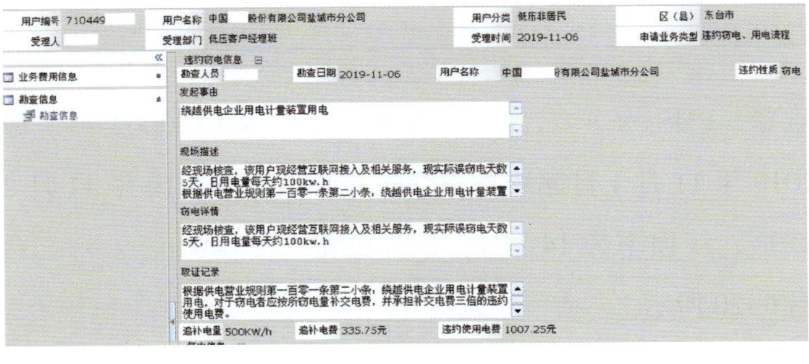

图6-22　营销系统内窃电查处记录

整治效果：自 11 月 7 日起，台区线损率下降到 2% 以内，××二台区窃电处理前后线损曲线图如图 6-23 所示。

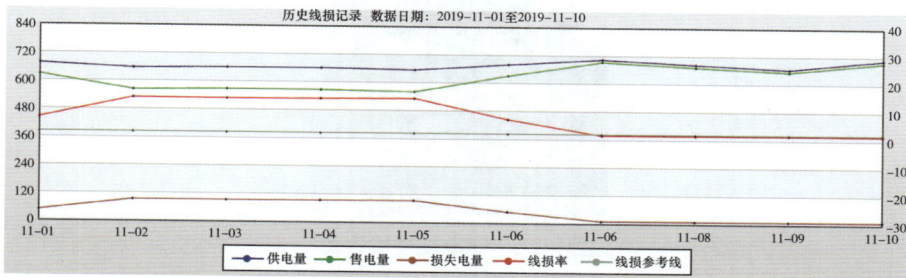

图6-23　××二台区窃电处理前后线损曲线图

案例6　用户绕越计量装置接线窃电（三）

案例现象：PMS_10kV××花园 6 号变压器（台区编号：0990100975***）从 2020 年 3 月 1 日起长期高损。××花园 6 号变压器历史线损数据如图 6-24 所示。

电量日期	供电量	售电量	线损率	损失电量
2020-03-01	1187.2	1003.42	15.48	183.78
2020-03-02	1619.2	937.41	42.11	681.79
2020-03-03	1766.4	921.81	47.81	844.59
2020-03-04	1497.6	831.79	44.46	665.81
2020-03-05	1795.2	816.5	54.52	978.7
2020-03-06	1747.2	880.12	49.63	867.08
2020-03-07	1464	781.86	46.59	682.14
2020-03-08	1393.6	762.24	45.3	631.36
2020-03-09	1049.6	888.2	15.38	161.4
2020-03-10	923.2	794.59	13.93	128.61
2020-03-11	1283.2	710.28	44.65	572.92
2020-03-12	982.4	715.53	27.17	266.87
2020-03-13	1104	780.42	29.31	323.58
2020-03-14	1169.6	715.47	38.83	454.13
2020-03-15	1020.8	647.61	36.56	373.19

图6-24　××花园6号变压器历史线损数据

核查结论：经现场检查，发现 ×× 房地产接于物业公共电能表进线侧用电（表号：1527610***），越表用电，现场窃电，窃电现场检查图如图 6-25 所示。

图6-25 窃电现场检查图

整改措施：现场安装电能表，并对该客户按窃电处理。

整治效果：自 3 月 22 日起台区线损恢复正常，×× 花园 6 号变压器窃电处理后线损数据如图 6-26 所示。

电量日期	供电量	售电量	线损率	损失电量
2020-03-22	430.4	425.13	1.22	5.27
2020-03-23	483.2	479.64	0.74	3.56
2020-03-24	467.2	461.48	1.22	5.72
2020-03-25	528	524.43	0.68	3.57
2020-03-26	536	529.53	1.21	6.47
2020-03-27	556.8	551.86	0.89	4.94
2020-03-28	556.8	552.74	0.73	4.06
2020-03-29	608	603.1	0.81	4.9
2020-03-30	606.4	599.39	1.16	7.01
2020-03-31	601.6	598.15	0.57	3.45
2020-04-01	548.8	542.61	1.13	6.19
2020-04-02	550.4	545.02	0.98	5.38
2020-04-03	513.6	510.03	0.7	3.57
2020-04-04	486.4	481.68	0.97	4.72
2020-04-05	544	538.84	0.95	5.16

图6-26 ××花园6号变压器窃电处理后线损数据

案例 7 用户私自接线窃电导致线损增高（一）

案例现象：PMS_×× 小区 264 号变压器（台区编号：0990100012***）

原线损率持续稳定，自 2019 年 12 月 23 日起线损率突然异常增高，台区线损有时不合格。××小区 264 号变压器台区历史线损数据如图 6-27 所示。

电量日期	供电量	售电量	线损率	损失电量
2019-12-15	1396	1363.41	2.33	32.59
2019-12-16	1271.2	1231.55	3.12	39.65
2019-12-17	1316	1273.35	3.24	42.65
2019-12-18	1412.8	1358.16	3.87	54.64
2019-12-19	1447.2	1401.41	3.16	45.79
2019-12-20	1539.2	1471.65	4.39	67.55
2019-12-21	1494.4	1438.71	3.73	55.69
2019-12-22	1544	1475.93	4.41	68.07
2019-12-23	1449.6	1357.47	6.36	92.13
2019-12-24	1505.6	1446.21	3.94	59.39
2019-12-25	1439.2	1385.29	3.75	53.91
2019-12-26	1476.8	1405.07	4.86	71.73
2019-12-27	1552	1461.2	5.85	90.8
2019-12-28	1593.6	1517.72	4.76	75.88
2019-12-29	1675.2	1574.52	6.01	100.68

图6-27　××小区264号变压器台区历史线损数据

核查结论：现场检查发现用户束××（用户编号：7707001***）私自接线窃电导致线损增高，现场窃电行为已取证，用户私自接线窃电现场图如图6-28 所示。

图6-28　客户私自接线窃电现场图

整改措施：对该用户按照窃电行为进行查处，追补电量 10602kWh，追补电费 5601.04 元，违约使用电费 16803.12 元，并对窃电现场进行整改。营销系统内窃电查处记录如图 6–29 所示。

用户编号	770700	用户名称	柬	用户分类	低压居民	区（县）	大丰区
受理人		受理部门	大客户经理班	受理时间	2020-01-14	申请业务类型	违约窃电、用电流程

业务费用信息
业务费用信息
勘查信息

应收业务费

用户编号	收费项目	应收金额	费用确定人	费用确定时间	费用计算依据	缴费期限	备注
77070	违约使用电费	16803.11		2020-01-14			

当前显示 1 条，总共 1 条　第 1 页/共 1 页　转 1 页

实收业务费

用户编号	收费项目	收费人	收费时间	实收金额	结算方式	凭证号码	发票号码	备注
77070	违约使用电费		2020-01-14	16803.11	现金			

当前显示 1 条，总共 1 条　第 1 页/共 1 页　转 1 页

图6–29　营销系统内窃电查处记录

整治效果：自 2020 年 1 月 12 日起，台区线损率下降到 2% 左右。× × 小区 264 号变压器台区窃电处理后线损数据如图 6–30 所示。

查询结果

图表　数据

电量日期	供电量	售电量	线损率	损失电量
2020-01-12	1877.6	1842.13	1.89	35.47
2020-01-13	1756	1720.51	2.02	35.49
2020-01-14	1878.4	1840.5	2.02	37.9
2020-01-15	2015.2	1972.37	2.13	42.83
2020-01-16	2121.6	2077.43	2.08	44.17
2020-01-17	1952.8	1914.25	1.97	38.55
2020-01-18	1888	1850.48	1.99	37.52
2020-01-19	1836.8	1801.41	1.93	35.39
2020-01-20	1683.2	1649.37	2.01	33.83
2020-01-21	1830.4	1793.77	2	36.63
2020-01-22	1770.4	1736.52	1.91	33.88
2020-01-23	1820.8	1785.57	1.93	35.23
2020-01-24	1740	1706.22	1.94	33.78
2020-01-25	1636.8	1607.47	1.79	29.33
2020-01-26	1590.4	1561.07	1.84	29.33

图6–30　× × 小区264号变压器台区窃电处理后线损数据

案例 8　用户私自接线窃电导致线损增高（二）

案例现象：PMS_ 江南 × ×2 号主变压器台区（台区编号：0990100907*** ）线损率一直不稳，大于 3%，偶尔大于 5%。江南 × ×2 号主变压器台区历史线损数据图如图 6–31 所示。

查询结果

图表　数据

电量日期	供电量	售电量	线损率	损失电量
2019-12-01	1986	1850.24	6.84	135.76
2019-12-02	1821	1749.79	3.91	71.21
2019-12-03	1860	1787.04	3.92	72.96
2019-12-04	1794	1703.89	5.02	90.11
2019-12-05	1893	1797.5	5.04	95.5
2019-12-06	1914	1823.75	4.72	90.25
2019-12-07	1962	1862.63	5.06	99.37
2019-12-08	1974	1883.74	4.57	90.26
2019-12-09	1779	1719.54	3.34	59.46
2019-12-10	1788	1717.95	3.92	70.05
2019-12-11	1803	1741.52	3.41	61.48
2019-12-12	1773	1715.95	3.22	57.05
2019-12-13	1731	1665.73	3.77	65.27
2019-12-14	1806	1747.89	3.22	58.11
2019-12-15	1785	1725.7	3.32	59.3

图6-31　江南××2号主变压器台区历史线损数据图

核查结论： 经现场检查发现用户 7103722*** 私自接线窃电。根据现场埋线情况估计是在该住房交房前施工时预留下的外部接线。用户私自接线现场检查图如图 6-32 所示。

图6-32　用户私自接线现场检查图

整改措施： 拆除外部接线，按规定进行窃电处理，营销系统内窃电处理记录如图 6-33 所示。

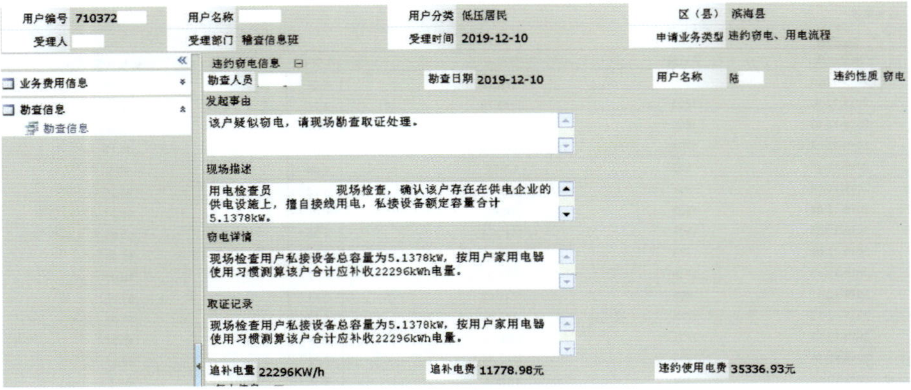

图6-33　营销系统内窃电处理记录

整治效果： 台区线损率下降到 3% 以内，江南 ××2 号主变压器台区窃电处理前后线损数据如图 6-34 所示。

电量日期	供电量	售电量	线损率	损失电量
2019-12-04	1794	1703.89	5.02	90.11
2019-12-05	1893	1797.5	5.04	95.5
2019-12-06	1914	1823.75	4.72	90.25
2019-12-07	1962	1862.63	5.06	99.37
2019-12-08	1974	1883.74	4.57	90.26
2019-12-09	1779	1719.54	3.34	59.46
2019-12-10	1788	1717.95	3.92	70.05
2019-12-11	1803	1741.52	3.41	61.48
2019-12-12	1773	1715.95	3.22	57.05
2019-12-13	1731	1665.73	3.77	65.27
2019-12-14	1806	1747.89	3.22	58.11
2019-12-15	1785	1725.7	3.32	59.3
2019-12-16	1560	1514.65	2.91	45.35
2019-12-17	1746	1700.69	2.6	45.31
2019-12-18	2007	1955.64	2.56	51.36

图6-34　江南××2号主变压器台区窃电处理前后线损数据

案例 9　用户改变电能表进出线窃电

案例现象： PMS_×× 小区 147 号变压器（台区编号：0990100011***）原线损率持续稳定，2020 年 2 月 21 日起线损率突然异常增高。

（1）典型日线损图：2月21日，台区全采集高线损，线损率为5.43%，损失电量71.62kWh。××小区147号变压器台区典型日线损图如图6-35所示。

图6-35　××小区147号变压器台区典型日线损图

（2）××小区147号变压器台区历史线损曲线图如图6-36所示。

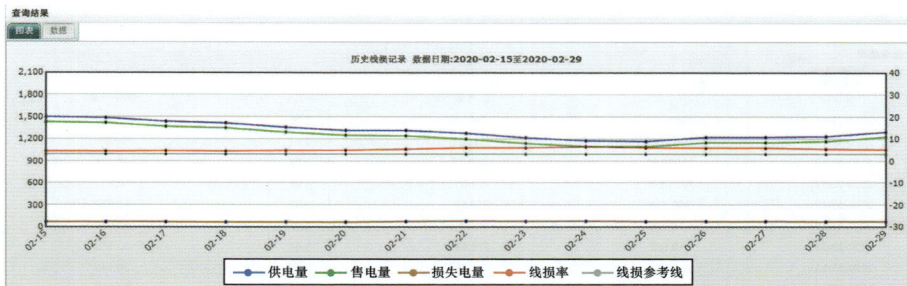

图6-36　××小区147号变压器台区历史线损曲线图

核查结论： 现场检查发现用户吴××（用户编号：7707025***）改变电能表进出线后，内部进线端用电，现场窃电行为已取证，用电设备为室内电热水器，额定功率1500kW。

整改措施： 对该用户按照窃电行为进行查处，追补电量234kWh，追补电费157.13元，收取违约使用电费471.39元。违约窃电、用电流程编号300217882***，营销系统内窃电查处记录如图6-37所示。

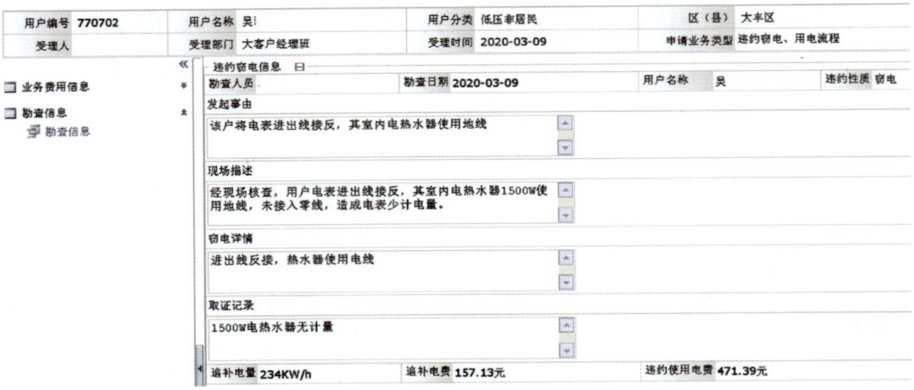

用户编号	770702	用户名称	吴	用户分类	低压非居民	区（县）	大丰区
受理人		受理部门	大客户经理班	受理时间	2020-03-09	申请业务类型	违约窃电、用电流程

业务费用信息

勘查信息

勘查信息

违约窃电信息

勘查人员		勘查日期	2020-03-09	用户名称	吴	违约性质	窃电

发起事由

该户将电表进出线接反，其室内电热水器使用地线

现场描述

经现场核查，用户电表进出线接反，其室内电热水器1500W使用地线，未接入零线，造成电表少计电量。

窃电详情

进出线反接，热水器使用电线

取证记录

1500W电热水器无计量

追补电量	234KW/h	追补电费	157.13元	违约使用电费	471.39元

图6-37　营销系统内窃电查处记录

整治效果：自 3 月 14 日起，台区线损率下降到 3% 左右，× × 小区 147 号变压器台区窃电处理后线损数据如图 6–38 所示。

查询结果

图表　数据

电量日期	供电量	售电量	线损率	损失电量
2020-03-14	1081.068	1053.44	2.56	27.628
2020-03-15	1049.58	1019.01	2.91	30.57
2020-03-16	1055.568	1023.21	3.07	32.358
2020-03-17	1001.868	971.05	3.08	30.818
2020-03-18	950.328	919.69	3.22	30.638
2020-03-19	936.336	903.7	3.49	32.636
2020-03-20	910.032	876.66	3.67	33.372
2020-03-21	920.328	890.18	3.28	30.148
2020-03-22	916.032	883.37	3.57	32.662
2020-03-23	930.996	899.1	3.43	31.896
2020-03-24	891.18	860.24	3.47	30.94
2020-03-25	895.416	861.09	3.83	34.326
2020-03-26	925.5	894.25	3.38	31.25
2020-03-27	956.184	924.74	3.29	31.444
2020-03-28	987.96	956.92	3.14	31.04

图6-38　× ×小区147号变压器台区窃电处理后线损数据

第二节　超容

案例 1　用户因超容影响正确计量

案例现象：PMS_××5 号变压器（台区编号：3090102352***）原线损率持续稳定，自 2019 年 12 月 7 日起线损率突然异常增高。12 月 7 日，台区全采集高线损，线损率为 38.68%，损失电量 137.51kWh。××5 号变压器台区历史线损曲线图如图 6-39 所示。

图6-39　××5号变压器台区历史线损曲线图

核查结论：现场核查该台区户变关系、关口表计、光伏用户均无问题，经过系统比对，发现用户赵 ××（总户号：7104896***）日均用电量下降较大。该台区下用户共计 75 户，其中光伏用户 6 户，其余用户日均电量均正常，唯独此户有电量下降趋势。7104896*** 用户日用电量如图 6-40 所示。

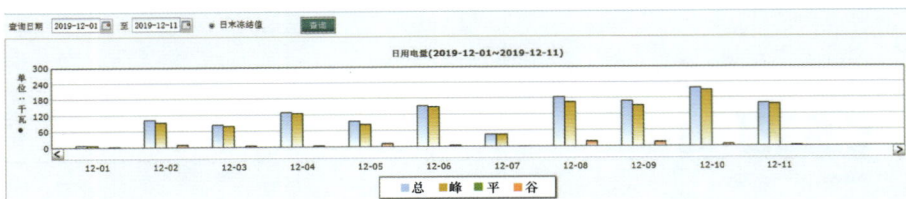

图6-40　7104896***用户日用电量

经现场检查，该用户为粮食加工门市，原来只有电动机合计22kW粮食加工设备一台，12月又新增合计45kW用电设备一台进行机器调试，因临近年底，农村地区加工粮食用户较多，两套设备同时使用导致表计计量异常，现场台区线损升高。7104896***用户需量如图6-41所示。

图6-41　7104896***用户需量

整改措施：根据用户现场投入的用电设备，与用户沟通增容，用户于12月24日带相关手续至供电所办理了低压非居民增容流程。营销系统内增容流程的具体信息如图6-42所示。

图6-42　营销系统内增容流程的具体信息

整治效果：低压非居民增容流程于 12 月 25 日归档，因该户距离变压器较远，用户无功电量消耗较大，现场同时安装无功补偿装置后，××5 号台区线损率正常维持在 2.6% 左右，线损合格。××5 号变压器台区整改后线损数据如图 6-43 所示。

电量日期	台区关口电量	上网关口电量	用户售电量	总表反向电量	线损率	损失电量
2019-12-26	200.16	21.73	214.55	1.08	2.82	6.26
2019-12-27	308.52	107.87	401.27	2.82	2.95	12.3
2019-12-28	276.96	100.33	351.88	14.1	3	11.31
2019-12-29	332.28	34.42	351.01	6.18	2.59	9.51
2019-12-30	318	10.8	319.8	0	2.74	9
2019-12-31	339.48	79.47	392.17	15.84	2.61	10.94
2020-01-01	495.54	58.96	540.52	0	2.52	13.98
2020-01-02	408.54	36.6	430.81	2.94	2.56	11.39
2020-01-03	376.8	27.64	393.59	0.36	2.59	10.49
2020-01-04	300.48	84.15	354.31	19.92	2.7	10.4
2020-01-05	275.28	4.6	272.24	0	2.73	7.64
2020-01-06	188.28	3.6	186.08	0	3.02	5.8
2020-01-07	183.36	2.43	180.15	0	3.04	5.64
2020-01-08	325.56	102.95	402.89	13.92	2.73	11.7
2020-01-09	394.74	19.2	403.82	0.06	2.43	10.06

图6-43　××5号变压器台区整改后线损数据

第三节　未装表计量用电

案例1　小区变电站自用电未计入用电量

案例现象：PMS_金沙××2 号主变压器（台区编码：0990100033***）台区线损 2019 年 1 月 15 日开始持续高损。金沙××2 号主变压器台区历史线损曲线图如图 6-44 所示。

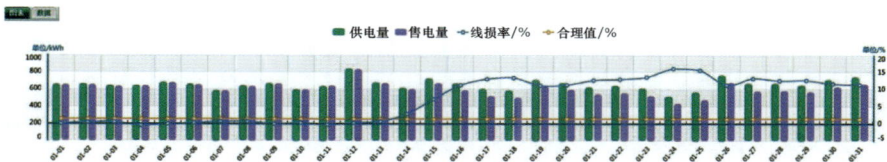

图6-44　金沙××2号主变压器台区历史线损曲线图

核查结论： 线损核查小组对该台区进行系统分析和现场核查，该台区户变关系正确没有负荷切割，用户电能表没有故障，台区内也无窃电情况。检查发现小区配电房直流屏、空调、照明、除湿器等配套设施用电量较多且未装表计量，日用电量较大。

整改措施： 针对小区配电房内的直流屏、空调、照明、除湿器等配套设施进行建户装表计量。营销系统内 7105343*** 用户业务受理信息如图 6-45 所示。

图6-45　营销系统内7105343***用户业务受理信息

现场小区配电房自用电表计安装完成，整改后现场图如图 6-46 所示。

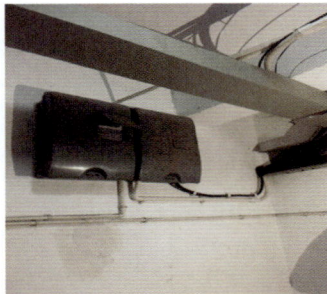

图6-46　整改后现场图

整治效果： 通过对该小区配电房自用电装表，台区线损合格且平稳。金沙××2号主变压器台区整改后连续 30 天线损曲线图如图 6-47 所示。

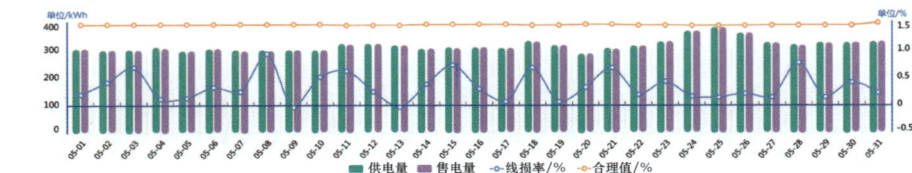

图6-47　金沙××2号主变压器台区整改后连续30天线损曲线图

案例 2 单相小功率设备无表无户用电

案例现象： PMS_××市场配电室 2 号变压器（台区编码：0990100005***）从 2019 年 6 月 7 日起线损升高。6 月 7 日，台区供电量 332kWh，售电量 297.9kWh，损失电量 34.1kWh，线损率为 10.27%。××市场配电室 2 号变压器历史线损曲线图如图 6-48 所示。

图6-48 ××市场配电室2号变压器历史线损曲线图

核查结论： 现场核查发现台区下新增加中移铁通、联合网络通信单相小功率设备，未装表用电。

整改措施： 对 PMS_××市场配电室 2 号变压器下的中移铁通、联合网络通信单相小功率设备进行了装表。户号分别为 7105397***、7105397***、7105397***、7105397***。7105397*** 用户营销系统业务受理信息如图 6-49 所示。

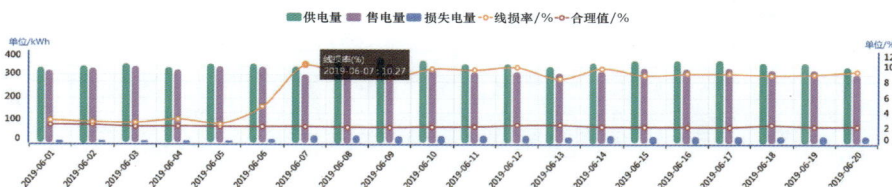

图6-49 7105397***用户营销系统业务受理信息

整治效果：该台区下小功率设备装表后，自7月1日起台区线损率恢复至2%以内。××市场配电室2号变压器整改前后线损曲线图如图6-50所示。

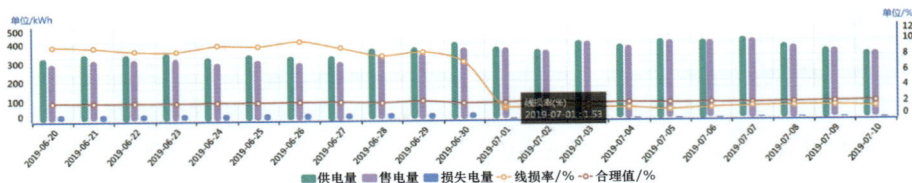

图6-50　　××市场配电室2号变压器整改前后线损曲线图

第四节　功率因数低

案例1　用户功率因数偏低导致高线损（一）

案例现象：PMS_××十九台区配电变压器（台区编号：3090102571***）自2018年11月12日起随着台区供电量的上升，线损率也随之上升，11月24日台区线损率达到7%左右；台区供电量下降时，线损率也随之下降。××十九台区配电变压器历史线损曲线图如图6-51所示。

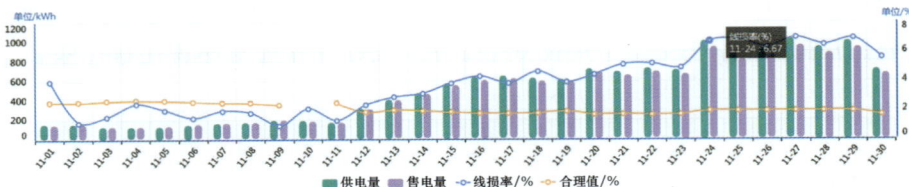

图6-51　　××十九台区配电变压器历史线损曲线图

核查结论：利用系统分析发现该台区下有一户合同容量为80kW的三相四线用电客户，用户用电量增大时，台区线损率随之升高，判断该台区线损异常与该用户有关。通过系统查询发现，该户的功率因数一直都很低，只有

0.5 左右，远远低于 0.9。得出结论：由于该用户的无功补偿不足，功率因数低，导致无功不能就地平衡，从而引起台区线损率升高。用电信息采集系统内功率因数值如图 6–52 所示。

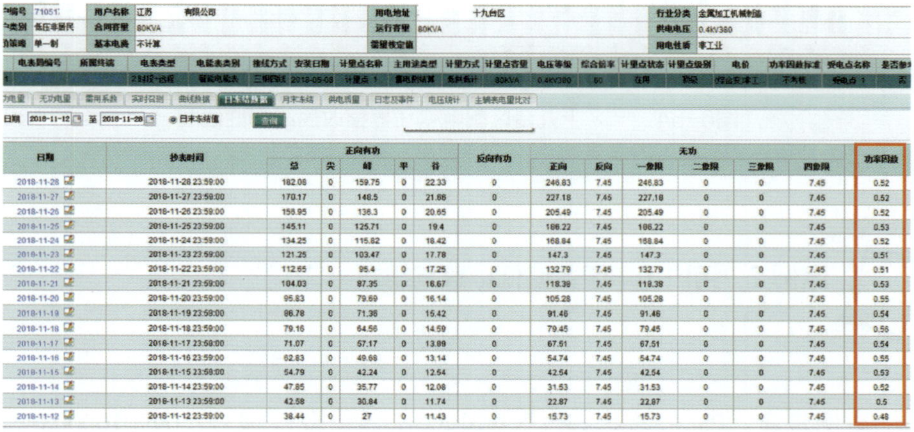

日期	抄表时间	正向有功					反向有功	无功						功率因数
		总	尖	峰	平	谷		正向	反向	一象限	二象限	三象限	四象限	
2018-11-28	2018-11-28 23:59:00	182.08	0	159.75	0	22.33	0	246.83	7.45	246.83	0	0	7.45	0.52
2018-11-27	2018-11-27 23:59:00	170.17	0	148.5	0	21.66	0	227.18	7.45	227.18	0	0	7.45	0.52
2018-11-26	2018-11-26 23:59:00	156.95	0	136.3	0	20.65	0	205.49	7.45	205.49	0	0	7.45	0.52
2018-11-25	2018-11-25 23:59:00	145.11	0	125.71	0	19.4	0	186.22	7.45	186.22	0	0	7.45	0.53
2018-11-24	2018-11-24 23:59:00	134.25	0	115.82	0	18.42	0	168.84	7.45	168.84	0	0	7.45	0.52
2018-11-23	2018-11-23 23:59:00	121.25	0	103.47	0	17.78	0	147.3	7.45	147.3	0	0	7.45	0.51
2018-11-22	2018-11-22 23:59:00	112.65	0	95.4	0	17.25	0	132.79	7.45	132.79	0	0	7.45	0.51
2018-11-21	2018-11-21 23:59:00	104.03	0	87.35	0	16.67	0	118.38	7.45	118.38	0	0	7.45	0.53
2018-11-20	2018-11-20 23:59:00	95.83	0	79.69	0	16.14	0	105.28	7.45	105.28	0	0	7.45	0.55
2018-11-19	2018-11-19 23:59:00	86.78	0	71.36	0	15.42	0	91.46	7.45	91.46	0	0	7.45	0.54
2018-11-18	2018-11-18 23:59:00	79.16	0	64.56	0	14.59	0	79.45	7.45	79.45	0	0	7.45	0.56
2018-11-17	2018-11-17 23:59:00	71.07	0	57.17	0	13.89	0	67.51	7.45	67.51	0	0	7.45	0.54
2018-11-16	2018-11-16 23:59:00	62.83	0	49.68	0	13.14	0	54.74	7.45	54.74	0	0	7.45	0.55
2018-11-15	2018-11-15 23:59:00	54.79	0	42.24	0	12.54	0	42.54	7.45	42.54	0	0	7.45	0.53
2018-11-14	2018-11-14 23:59:00	47.85	0	35.77	0	12.08	0	31.53	7.45	31.53	0	0	7.45	0.52
2018-11-13	2018-11-13 23:59:00	42.58	0	30.84	0	11.74	0	22.87	7.45	22.87	0	0	7.45	0.5
2018-11-12	2018-11-12 23:59:00	38.44	0	27	0	11.43	0	15.73	7.45	15.73	0	0	7.45	0.48

图6–52　用电信息采集系统内功率因数值

整改措施：要求用户安装符合配置要求的无功补偿装置，并有效投入使用。

整治效果：12 月 6 日用户改造后的无功补偿装置正式投入运行，用户功率因数提高到 0.9 以上，同时台区线损率降低到 3% 以下。整改后用电信息采集系统内功率因数值如图 6–53 所示。

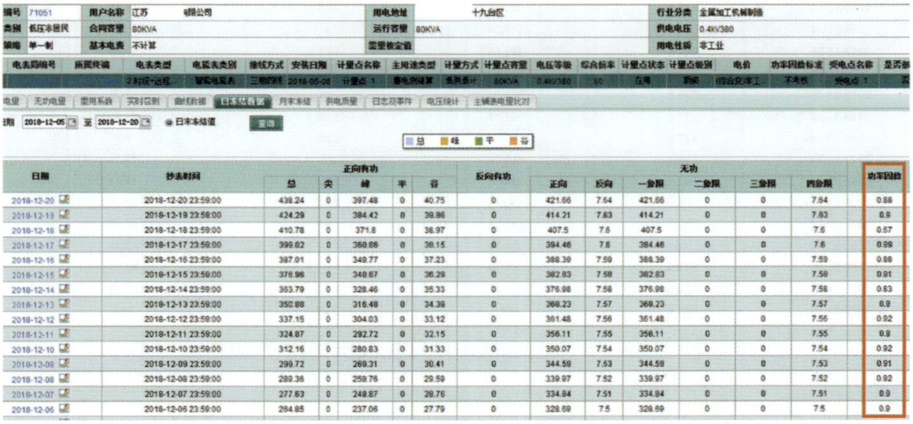

日期	抄表时间	正向有功					反向有功	无功						功率因数
		总	尖	峰	平	谷		正向	反向	一象限	二象限	三象限	四象限	
2018-12-20	2018-12-20 23:59:00	438.24	0	397.48	0	40.75	0	421.66	7.64	421.66	0	0	7.64	0.88
2018-12-19	2018-12-19 23:58:00	424.29	0	384.42	0	39.86	0	414.21	7.63	414.21	0	0	7.63	0.9
2018-12-18	2018-12-18 23:59:00	410.78	0	371.8	0	38.97	0	407.5	7.6	407.5	0	0	7.6	0.87
2018-12-17	2018-12-17 23:59:00	399.02	0	360.86	0	38.15	0	394.46	7.6	394.46	0	0	7.6	0.89
2018-12-16	2018-12-16 23:59:00	387.01	0	349.77	0	37.23	0	388.39	7.59	388.39	0	0	7.59	0.88
2018-12-15	2018-12-15 23:59:00	376.96	0	340.67	0	36.29	0	382.83	7.58	382.83	0	0	7.58	0.91
2018-12-14	2018-12-14 23:59:00	363.79	0	328.46	0	35.33	0	376.98	7.58	376.98	0	0	7.58	0.83
2018-12-13	2018-12-13 23:59:00	350.88	0	316.48	0	34.39	0	368.23	7.57	368.23	0	0	7.57	0.9
2018-12-12	2018-12-12 23:59:00	337.15	0	304.03	0	33.12	0	361.48	7.56	361.48	0	0	7.56	0.92
2018-12-11	2018-12-11 23:59:00	324.87	0	292.72	0	32.15	0	356.11	7.55	356.11	0	0	7.55	0.9
2018-12-10	2018-12-10 23:59:00	312.16	0	280.83	0	31.33	0	350.07	7.54	350.07	0	0	7.54	0.92
2018-12-09	2018-12-09 23:59:00	299.72	0	269.31	0	30.41	0	344.59	7.53	344.59	0	0	7.53	0.91
2018-12-08	2018-12-08 23:59:00	289.36	0	259.76	0	29.59	0	339.97	7.52	339.97	0	0	7.52	0.92
2018-12-07	2018-12-07 23:59:00	277.63	0	248.87	0	28.76	0	334.84	7.51	334.84	0	0	7.51	0.9
2018-12-06	2018-12-06 23:59:00	264.85	0	237.06	0	27.79	0	328.69	7.5	328.69	0	0	7.5	0.9

图6–53　整改后用电信息采集系统内功率因数值

××十九台区配电变压器整改后线损曲线图如图6-54所示。

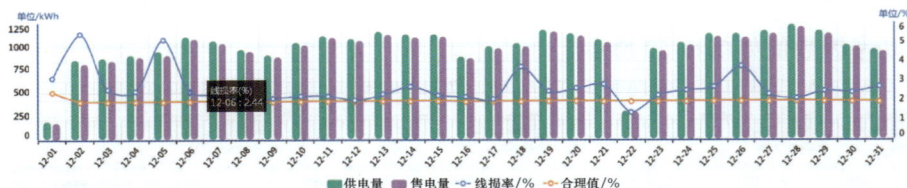

图6-54　××十九台区配电变压器整改后线损曲线图

案例2　用户功率因数偏低导致高线损（二）

案例现象： PMS_××二台区配电变压器（台区编号：0990100008***）2019年12月26日台区线损率突然大于6%，之后几天又正常，但是2020年1月3日及4日线损率再次大于6%。××二台区配电变压器历史线损数据如图6-55所示。

查询结果

电量日期	供电量	售电量	线损率	损失电量
2019-12-23	617.6	601.03	2.68	16.57
2019-12-24	574.4	558.24	2.81	16.16
2019-12-25	484.8	466.81	3.71	17.99
2019-12-26	704.8	658.93	6.51	45.87
2019-12-27	636.8	618.04	2.95	18.76
2019-12-28	617.6	597.97	3.18	19.63
2019-12-29	477.6	470	1.59	7.6
2019-12-30	686.4	669.26	2.5	17.14
2019-12-31	742.4	724.66	2.39	17.74
2020-01-01	699.2	682.15	2.44	17.05
2020-01-02	650.4	632.93	2.69	17.47
2020-01-03	700	656.94	6.15	43.06
2020-01-04	639.2	595.59	6.82	43.61
2020-01-05	469.6	456.82	2.72	12.78
2020-01-06	498.4	483.5	2.99	14.9

图6-55　××二台区配电变压器历史线损数据

核查结论： 通过用电信息采集系统分析发现该台区下有一户7104674***

江苏 ×× 包装材料有限公司，相关系数为 0.84，初步怀疑台区线损异常是由该户引起的。该户为合同容量 99kW 的三相四线用电客户，现场安装无功补偿设备。该户日用电量在 100~300kWh，电量越大，台区线损异常的概率就越高。

通过用电信息采集系统“电能表统一视图”进行数据分析，发现该用户“正向无功”每日走字正常，但是“反向无功”每日的走字比“正向有功”走字多，用电信息采集系统内用户反向走字示数如图 6-56 所示。

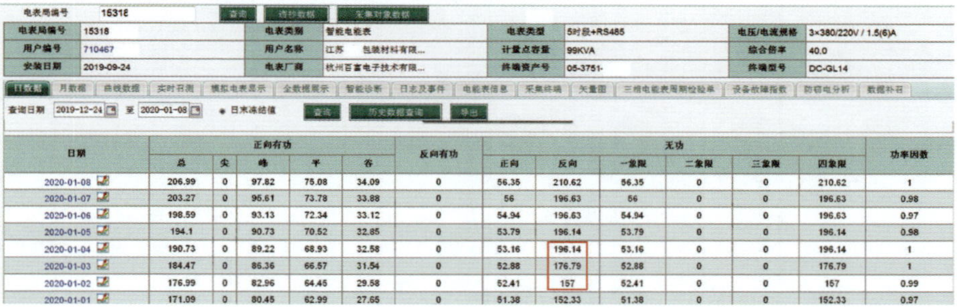

电表局编号 15318 查询 透抄数据 采集对象数据

电表局编号	15318	电表类别	智能电能表	电表类型	5时段+RS485	电压/电流规格	3×380/220V / 1.5(6)A
用户编号	710467	用户名称	江苏 包装材料有限...	计量点容量	99KVA	综合倍率	40.0
安装日期	2019-09-24	电表厂商	杭州百富电子技术有限...	终端资产号	05-3751-	终端型号	DC-GL14

日数据 月数据 曲线数据 实时召测 模拟电表显示 全数据展示 智能诊断 日志及事件 电能表信息 采集终端 矢量图 三相电能表周期检验单 设备故障指数 防窃电分析 数据补召

查询日期 2019-12-24 至 2020-01-08 日末冻结值 查询 历史数据查询 导出

日期	正向有功					反向有功	无功						功率因数
	总	尖	峰	平	谷		正向	反向	一象限	二象限	三象限	四象限	
2020-01-08	206.99	0	97.82	75.08	34.09	0	56.35	210.62	56.35	0	0	210.62	1
2020-01-07	203.27	0	95.61	73.78	33.88	0	56	196.63	56	0	0	196.63	0.98
2020-01-06	198.59	0	93.13	72.34	33.12	0	54.94	196.63	54.94	0	0	196.63	0.97
2020-01-05	194.1	0	90.73	70.52	32.85	0	53.79	196.14	53.79	0	0	196.14	0.98
2020-01-04	190.73	0	89.22	68.93	32.58	0	53.16	196.14	53.16	0	0	196.14	1
2020-01-03	184.47	0	86.36	66.57	31.54	0	52.88	176.79	52.88	0	0	176.79	1
2020-01-02	176.99	0	82.96	64.45	29.58	0	52.41	157	52.41	0	0	157	0.99
2020-01-01	171.09	0	80.45	62.99	27.65	0	51.38	152.33	51.38	0	0	152.33	0.97

图6-56　用电信息采集系统内用户反向走字示数

从图 6-56 可以看出，红色框中的反向无功增量比正向有功增量多很多，同时对应当天的线损率也高。反向无功代表用户向电网倒送无功，造成无功在低压线路上流动，从而引起台区有功电量的损失增加。

核查结论：由于用户无功配置不合理、无功补偿设备未能正确设置参数进行自动投切，造成用户倒送无功引起的台区线损异常。

整改措施：经现场检查发现该户的无功补偿配置不合理，不能分组投切。用户与施工单位联系，对无功补偿设备进行整改，将小电容分组按需逐级自动投切。

整治效果：整改后，台区线损恢复正常。2020 年 1 月 15 日该户日用电量 247.2kWh，台区线损率为 2.37%。×× 二台区配电变压器整改后线损数据如图 6-57 所示。

电量日期	供电量	售电量	线损率	损失电量
2020-01-01	699.2	682.15	2.44	17.05
2020-01-02	650.4	632.93	2.69	17.47
2020-01-03	700	656.94	6.15	43.06
2020-01-04	639.2	595.59	6.82	43.61
2020-01-05	469.6	456.82	2.72	12.78
2020-01-06	498.4	483.5	2.99	14.9
2020-01-07	534.4	519.04	2.87	15.36
2020-01-08	583.2	551.02	5.52	32.18
2020-01-09	725.6	686.25	5.42	39.35
2020-01-10	816	774.19	5.12	41.81
2020-01-11	557.6	543.81	2.47	13.79
2020-01-12	594.4	579.76	2.46	14.64
2020-01-13	612	597.85	2.31	14.15
2020-01-14	662.4	646.78	2.36	15.62
2020-01-15	749.6	731.86	2.37	17.74

图6-57　××二台区配电变压器整改后线损数据

CHAPTER SEVEN

第七章
设备类线损典型案例

低压线损
精益化管理实务

第一节 供电半径过长或线径小

案例 1 供电半径过长影响线损

案例现象： PMS_×× 二台区（台区编号：0990100002***）原线损持续稳定，自 2019 年 11 月 15 日起线损长期偏高。

（1）12 月 17 日线损不达标典型日线损率为 5.21%，损失电量 24.83kWh。×× 二台区典型日线损图如图 7-1 所示。

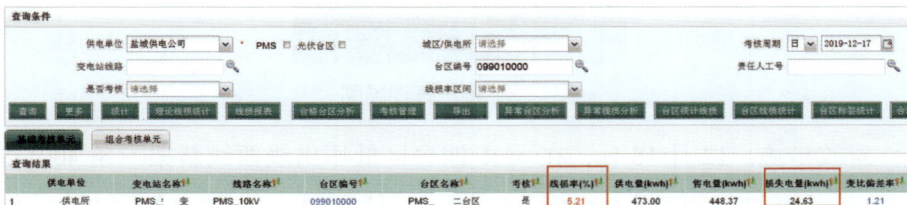

图7-1　××二台区典型日线损图

（2）×× 二台区线损历史曲线图如图 7-2 所示。

图7-2　××二台区线损历史曲线图

核查结论：现场核查该台区户用变压器、用户用电均未发现问题，进一步检查发现 1 户动力用户，户号 7854019***，户名为东台市 ×× 服装厂，合同容量为 49kVA，日用电量在 250kWh 左右，在线路末端用电，该户已安装电容器补偿，在 ×× 服装厂不生产时台区线损率在 3% 左右，正常生产时台区线损率超过 5%，初步怀疑此问题造成 ×× 二台区长期线损偏高，导致台区线损不达标。计划将该用户调整至 ×× 四台区，上报改造计划对线路进行改造，同时继续跟踪检查线损情况。东台市 ×× 服装厂原接户杆在 ×× 二台区线路末端，接户杆现场图如图 7–3 所示。

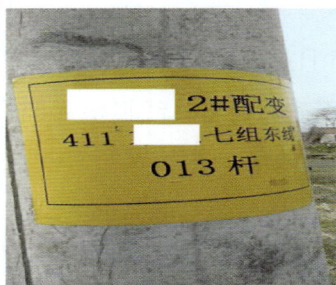

图7-3　接户杆现场图

整改措施：12 月 18 日，在 ×× 四台区低压出线西线新架一条 400V 线路，12 月 19 日将户号 7854019***，户名：东台市 ×× 服装厂，切割调整至 ×× 四台区，在营销系统发起调整计量点流程（申请编号 300211267***）。营销系统内调整计量点流程如图 7–4 所示。

用户编号 785401　查询　更多

基本档案　电量账务信息　客户服务信息　客户行为规范　关联发电客户　客户地理展示　用电负荷曲线　用户电子档案　用户接线图　客户画像

业务受理信息　用户计费相关变更　客户供用电合同　电费交费协议　客户履约担保　业务费用　客户接触记录　修改档案维护记录　档案核查流程　用户电子化积分　档案维护流程

服务视图

业扩传票信息

操作	申请编号	流程名称	开始时间	结束时间	状态
	30021176	营销GIS图形维护	2019-12-25	2019-12-25	完成
	30021144	营销GIS图形维护	2019-12-21	2019-12-21	完成
	30021126	营销GIS图形维护	2019-12-19	2019-12-19	完成
	30020326	计量装置故障	2019-09-23	2019-09-24	完成
	30018147	低压非居民增容	2019-01-28	2019-01-29	完成
	30017592	更名	2018-11-28	2018-11-29	完成

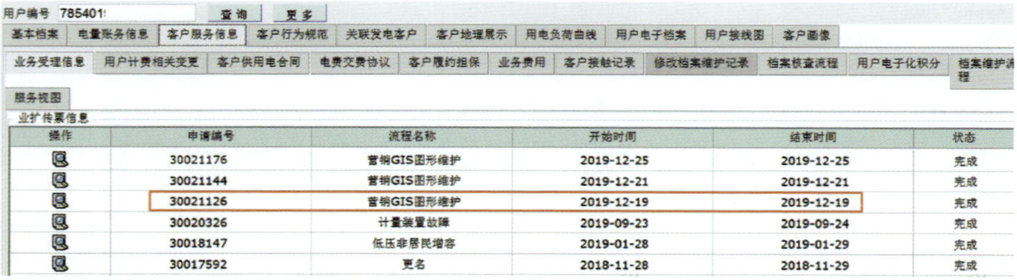

图7-4　营销系统内调整计量点流程

整治效果：7854019*** 东台市 ×× 服装厂切割调整至 ×× 四台区后，自 12 月 25 日起，×× 二台区整改后日线损率下降到 3% 以内，线损合格。×× 二台区整改后线损曲线图如图 7-5 所示。

图7-5　××二台区整改后线损曲线图

第二节　三相负载不平衡

案例 1　三相负荷不平衡导致线损超高

案例现象：PMS_×× 台区（台区编号：0990100013***）原线损率持续稳定，自 2019 年 11 月 30 日起线损率突然异常增高。12 月 1 日，台区全采集高线损，线损率为 14.48%，损失电量 278.55kWh。×× 台区典型日线损图如图 7-6 所示。

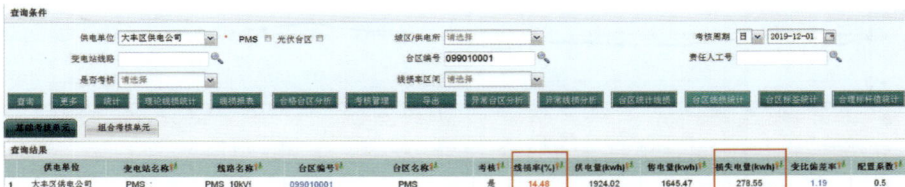

图7-6　××台区典型日线损图

核查结论： 该台区下有一户路灯管理所（7707019***）用电高峰时期 A 相电流 124A，超过电能表额定最大电流 60A，三相负载不平衡，导致线损增高。7707019*** 用户电流曲线如图 7-7 所示。

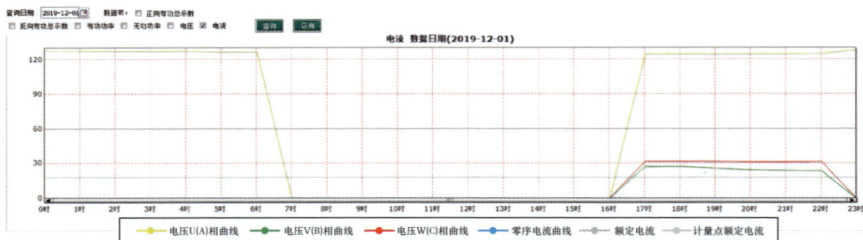

图7-7　7707019***用户电流曲线

整改措施： 联系路灯管理处后，对三相负载进行了调整。调整后用户三相电流图如图 7-8 所示。

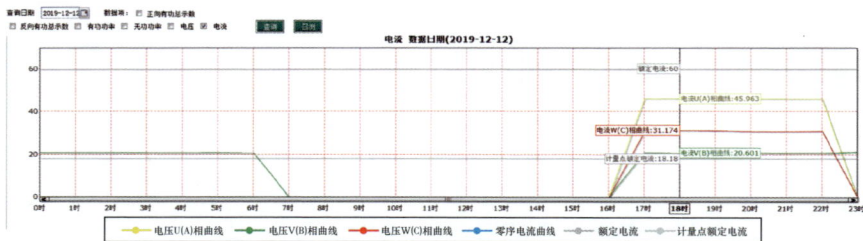

图7-8　调整后用户三相电流图

整治效果： 自 12 月 4 日起，台区线损率下降到 3% 以内。××台区整改后线损曲线图如图 7-9 所示。

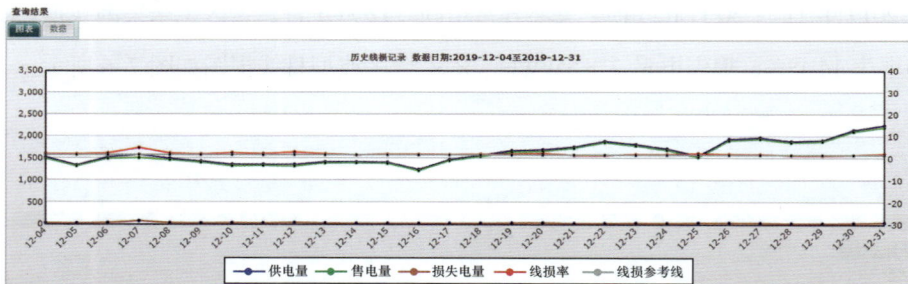

图7-9　××台区整改后线损曲线图

第三节　负载率低、设备损耗占比高

案例 1　负荷率低、设备损耗占比高影响线损

案例现象： PMS_裕华××274号变压器（台区编号：3090102765***）2019年2月19日新增装表接电，台区下新建大楼未正式交付，用电量低，为长期高损台区。裕华××274号变压器历史线损曲线图如图7-10所示。

图7-10　裕华××274号变压器历史线损曲线图

对该台区进行检查，考虑配电房用电未计量、窃电、计量设备大量使用互感器等问题，逐项进行分析：

（1）配电房用电由该配电网另一台变压器供应，无接线错误，排除该问题。

（2）窃电问题，现场全部按照电缆井电表箱设计，对全部电表箱进行检查，无表外接线。

（3）互感器问题，现场多处使用互感器，且按标准配置，在供电量低的

情况下，其计量精确度存在明显差异，例如：总表户号 7105320***，其在用采系统保存小数位数为两位，倍率 200，对应计量精确度为 0.01 × 200=2kWh。7105320*** 用户抄表数据如图 7–11 所示。

查询日期 2020-03-01 至 2020-03-23 ● 日末冻结值 查询

日期	抄表时间	正向有功					反向有功	无功						功率因数
		总	尖	峰	平	谷		正向	反向	一象限	二象限	三象限	四象限	
2020-03-23	2020-03-23 23:59:00	185.67	0	78.05	72.78	34.84	0	18.56	0	0.92	0	0	17.56	0.99
2020-03-22	2020-03-22 23:59:00	184.22	0	77.57	72.24	34.41	0	18.37	0	0.92	0	0	17.37	0.99
2020-03-21	2020-03-21 23:59:00	183	0	77.17	71.8	34.03	0	18.18	0	0.92	0	0	17.18	0.99
2020-03-20	2020-03-20 23:59:00	181.79	0	76.77	71.39	33.63	0	17.98	0	0.92	0	0	16.98	0.99
2020-03-19	2020-03-19 23:59:00	180.36	0	76.19	70.85	33.32	0	17.78	0	0.92	0	0	16.79	0.99
2020-03-18	2020-03-18 23:59:00	178.98	0	75.69	70.4	32.89	0	17.6	0	0.92	0	0	16.6	1
2020-03-17	2020-03-17 23:59:00	177.34	0	75.12	69.83	32.39	0	17.44	0	0.92	0	0	16.44	1
2020-03-16	2020-03-16 23:59:00	175.66	0	74.48	69.27	31.91	0	17.29	0	0.92	0	0	16.28	1
2020-03-15	2020-03-15 23:59:00	173.42	0	73.7	68.58	31.14	0	17.13	0	0.92	0	0	16.14	1
2020-03-14	2020-03-14 23:59:00	171.29	0	72.86	67.85	30.58	0	16.99	0	0.92	0	0	15.99	1
2020-03-13	2020-03-13 23:59:00	169.05	0	72.02	67.13	29.9	0	16.83	0	0.92	0	0	15.83	1

图7–11　7105320***用户抄表数据

同样问题出现在该台区下多个配置互感器的用户上，因电量低，日常供电量平均在 20~30kWh，该问题导致台区线损波动。

在用电信息采集系统中比对用户电量时发现，该台区内仅极个别电能表用电且电量低，多数电能表日用电量不足 1kWh。台区内用户用电情况如图 7–12 所示。

用户编号	相关系数	事件告警	2019-12-29	2019-12-30	2019-12-31
7105318	0.42	否	0	0	0
7105318	0.32	否	0.22	0	0
7105318	0.3	否	0.04	0.38	0.05
7105318	0.28	否	0	0	0
7105318	0.27	否	0	0	0
7105318	0.24	否	0.23	0.16	0.05
7105318	0.24	否	0	0	0.02
7105318	-0.24	否	0	0	9.65
7105318	-0.22	否	2.38	2.44	0.55
7105318	-0.19	否	0.14	0.16	0.03
7105318	-0.19	否	0.14	1.86	2.74
7105318	-0.19	否	0	0.16	0.32
7105318	-0.17	否	0	0	0.09
7105318	0.17	否	0	0	0
7105318	-0.16	否	0.72	1.82	0.59
7105318	0.15	否	0	0	0.38

图7–12　台区内用户用电情况

核查结论：PMS_ 裕华 × ×274 号变压器台区长期高损的主要原因为负载率低、设备损耗占比高，2020 年 1 月 1 日，大量用户搬入，台区供电量上升，台区线损随之正常。

整改措施： 负载率低、设备损耗占比高的问题在新上小区变压器极为常见，因小区未交付使用，每日供售电量长期很低，设备损耗大。

整治效果： 自 2020 年 1 月 1 日起，台区线损完全正常。裕华 ×× 274 号变压器整改后线损曲线图如图 7-13 所示。

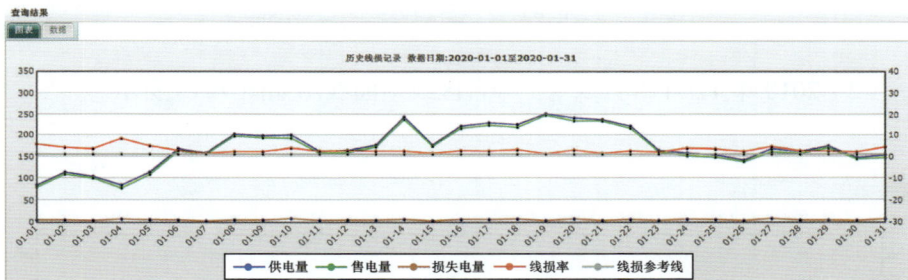

图7-13　裕华 ×× 274号变压器整改后线损曲线图

第四节　绝缘不良

案例 1　低压线路搭在横担上放电，引起台区高线损（一）

案例现象： PMS_四明 ×× 1 号台区（台区编号：0990100021***）原线损率持续稳定，自 2019 年 12 月 1 日起线损率突然异常增高，达到 23.03%，随后线损率稳定在 4%~8%，12 月 26 日达 19.81%。随后线损率稳定在 4%~8%，2020 年 1 月 5 日~7 日线损率达到 33.02%，随后线损率稳定在 4%~11%。2020 年 1 月 28 日线损率达到 25.59%。

（1）典型日线损图：2019 年 12 月 1 日，台区全采集高线损，线损率为

23.03%，损失电量 48.92kWh。四明 ××1 号台区典型日线损图如图 7-14 所示。

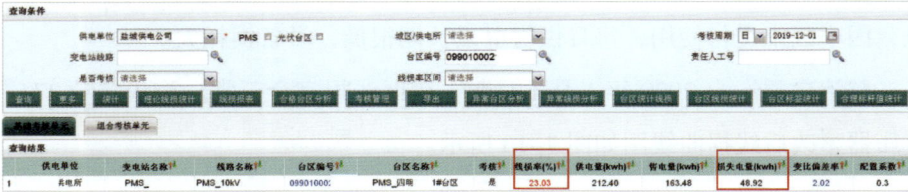

图7-14　四明××1号台区典型日线损图

（2）2019 年 12 月四明 ××1 号台区线损曲线图如图 7-15 所示。

图7-15　2019年12月四明××1号台区线损曲线图

2020 年 1 月四明 ××1 号台区线损曲线图如图 7-16 所示。

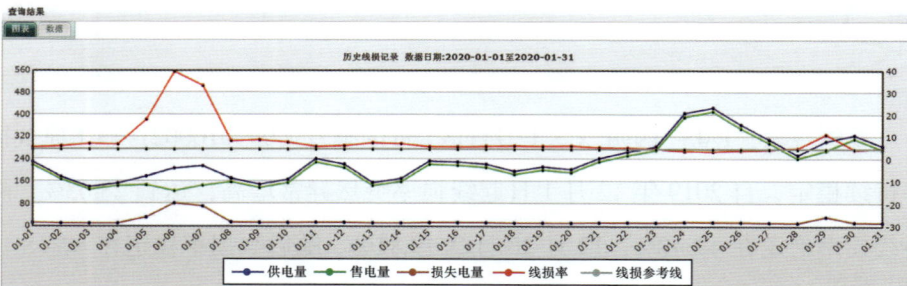

图7-16　2020年1月四明××1号台区线损曲线图

核查结论：现场检查未见窃电现象，更换部分用户表计后线损仍然异常。

2020 年 3 月 4 日，组织人员登杆，仔细检查发现该台区 411 出线 15 号杆耐张线夹尾线靠在两半抱箍上，该电杆为转角电杆，且与 10kV 线路同杆架设，两半抱箍抱在 10kV 接地引下线上，导致直接对地放电。因尾线切口外层有绝缘皮，故在下雨天或下雾天，对地放电严重，导致线损异常，损失电量大。电杆现场检查图如图 7-17 所示。

整改措施： 对耐张线夹尾线合理切除，并达到安全距离。电杆整改后现场图如图 7-18 所示。

图7-17 电杆现场检查图

图7-18 电杆整改后现场图

整治效果： 自 2020 年 3 月 5 日起，台区线损率下降到 3% 左右。四明××1 号台区整改后线损曲线图如图 7-19 所示。

图7-19 四明××1号台区整改后线损曲线图

案例2 低压线路搭在横担上放电，引起台区高线损（二）

案例现象： PMS_××2号配电变压器（台区编号：0990100033***）自2019年7月起，台区线损偏高，不合格。××2号配电变压器历史线损曲线图如图7-20所示。

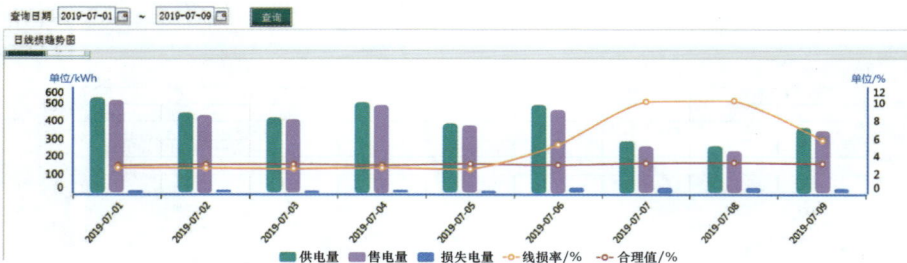

图7-20 ××2号配电变压器历史线损曲线图

核查结论： 该台区存在漏电现象。7月6日，尚庄镇出现雷雨大风天气，该台区未出现跳闸现象，但巡线时发现通道内有一棵树木倾倒在线路上，可能对线路设备产生影响。受损线路现场检查图如图7-21所示。

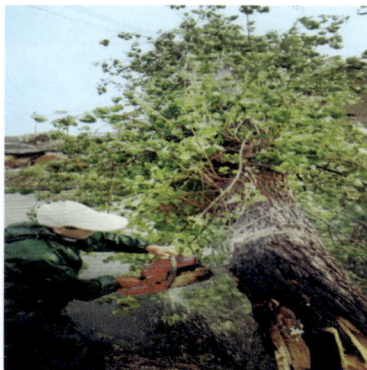

图7-21 受损线路现场检查图

7月9日，供电所组织人员检查发现台区A、B回路总保护器均正常投运，但A回路漏电电流整定值较大，将整定值调至400mA后，保护器动作，台区跳闸，由此断定该台区存在漏电现象。对A回路以下线路、用户进行检查，所有用户保护器均很正常投运，用户无漏电现象，检查线路发现，该台区架空线路均为LGJ-120裸导线，且线下树木较高，线路通道未能及时清理。对7月6日发生倒树的A4-3号杆检查发现，该电杆横担上有击穿现象，台区经理登杆后发现绝缘子被树木砸坏，导致放电。

整改措施： 发现漏电后，组织外协抢修单位更换绝缘子，台区保护器正常投运，漏电现象排除，从用电信息采集系统分析发现，该台区线损从7月10日开始恢复正常。线路整改后现场图如图7-22所示。

图7-22　线路整改后现场图

整治效果： 自7月10日起，该台区线损恢复正常。××2号配电变压器整改后线损曲线图如图7-23所示。

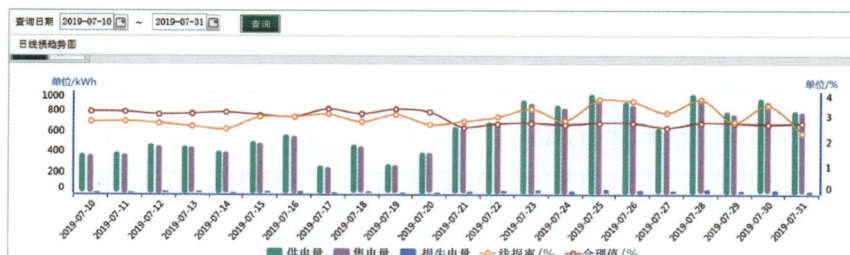

图7-23　××2号配电变压器整改后线损曲线图

案例3 接户线接触墙体放电，漏电保护设备未动作（一）

案例现象： PMS_××九配电变压器（台区编号：0990100003***）原线损持续稳定，从2020年1月30日起线损偏高。

（1）1月30日线损不达标典型日线损情况，线损率为5.35%，损失电量48.68kWh。××九配电变压器台区典型日线损图如图7-24所示。

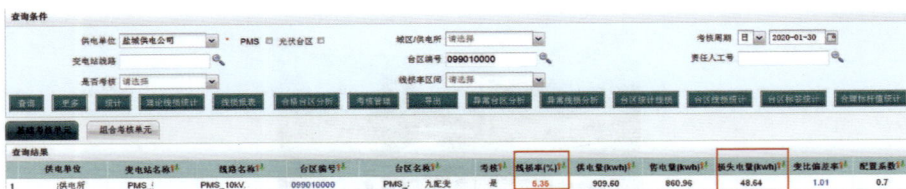

图7-24　××九配电变压器台区典型日线损图

（2）××九配电变压器台区历史线损曲线图如图7-25所示。

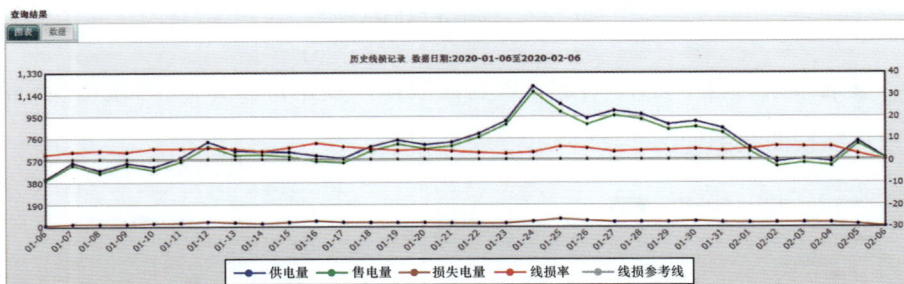

图7-25　××九配电变压器台区历史线损曲线图

核查结论： 现场核查台区户用变压器、用户用电情况，发现7877008***接户线为穿墙布线（为历史遗留）问题，现场表计图如图7-26所示。初步怀疑此户为用户接户线问题导致漏电，使台区线损不达标。

整改措施：供电所组织人员进行接户线改造。现场运检人员配合安排停电，对该户接户线进行改造。用户接户线现场改造图如图 7-27 所示。

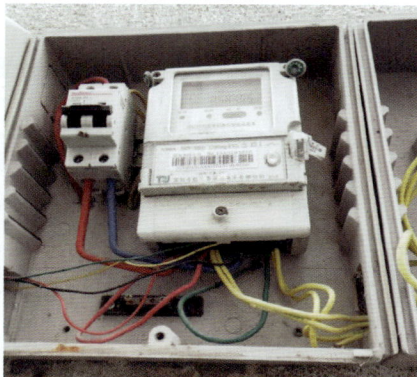

图7-26　现场表计图

图7-27　用户接户线现场改造图

整治效果：接户线改造后，自 2 月 6 日起，台区线损率下降到 4% 以内，线损合格。××九配电变压器台区改造前后线损曲线图如图 7-28 所示。

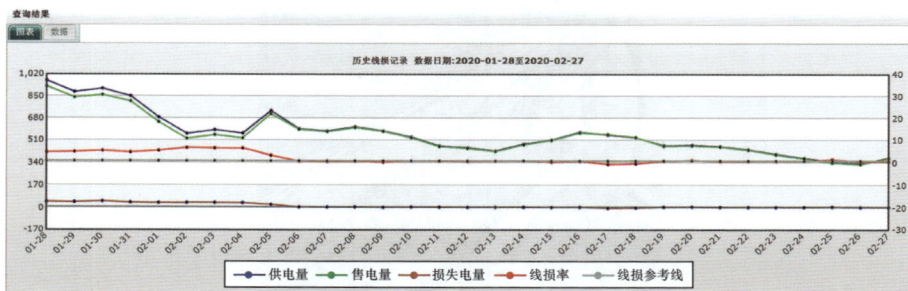

图7-28　××九配电变压器台区改造前后线损曲线图

案例 4　接户线接触墙体放电，漏电保护设备未动作（二）

案例现象：PMS_×× 公司变压器（台区编号：0990100025***）2019 年 12

月 9 日出现线损异常的情况，线损率为 18.03%，损失电量 119.19kWh。××公司变压器台区典型日线损图如图 7-29 所示。

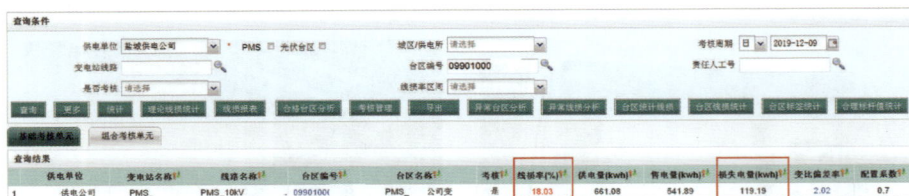

图7-29　××公司变压器台区典型日线损图

核查结论：12 月 13 日，对该台区进行地毯式排查，发现该台区下低压接户线绝缘皮损坏，造成漏电。

改措施：对故障线路进行更换处理，故障线路现场照片如图 7-30 所示。

图7-30　故障线路现场照片

整治效果：自 12 月 14 日起，台区线损率下降到 0~1%。××公司变压器台区整改前后线损曲线图如图 7-31 所示。

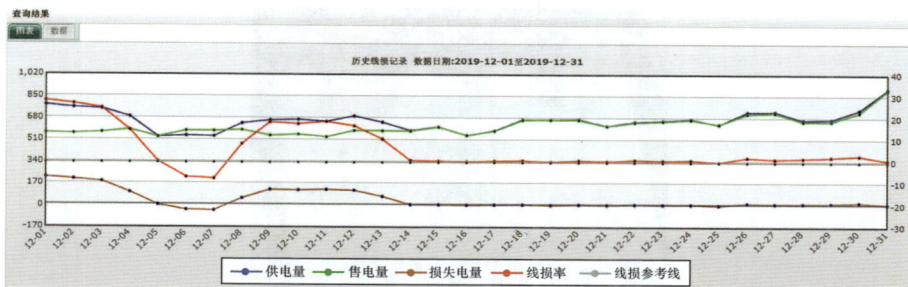

图7-31　××公司变压器台区整改前后线损曲线图

案例5　配电箱内铜排烧坏影响线损

案例现象： PMS_×× 四配电变压器（台区编号：0990100004***）2019年3月至7月线损长期异常。3月份线损率为5.95%，4月份为6.28%，5月份为6.35%，6月份为6.95%，7月份为5.55%，每日损失电量4kWh。2019年3~7月线损不达标典型月线损曲线图如图7-32所示。

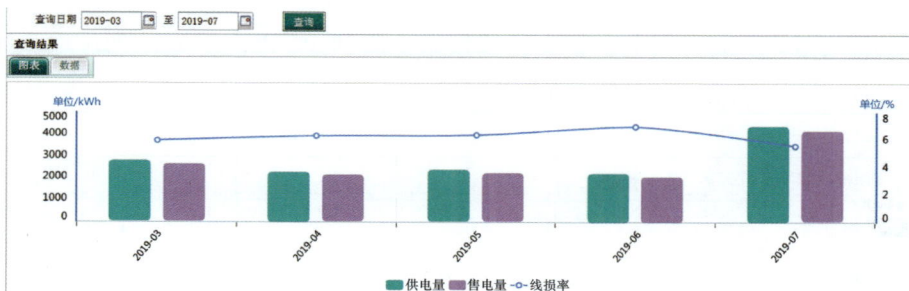

图7-32　2019年3~7月线损不达标典型月线损曲线图

核查结论： 现场核查台区户用变压器、用户用电均未发现问题，进一步检查发现台区配电箱内B相铜排接头处烧坏。初步怀疑此问题造成计量产生误差，导致台区线损不达标。现场B相铜排接头处烧坏照片如图7-33所示。

图7-33　现场B相铜排接头处烧坏照片

整改措施：对配电箱内中 B 相铜排进行更换，更换后现场照片如图 7-34 所示。

图7-34　B相铜排更换后现场照片

整治效果：自 8 月起，该台区线损率下降到 3% 以内。×× 四配电变压器整改前后月线损曲线图如图 7-35 所示。

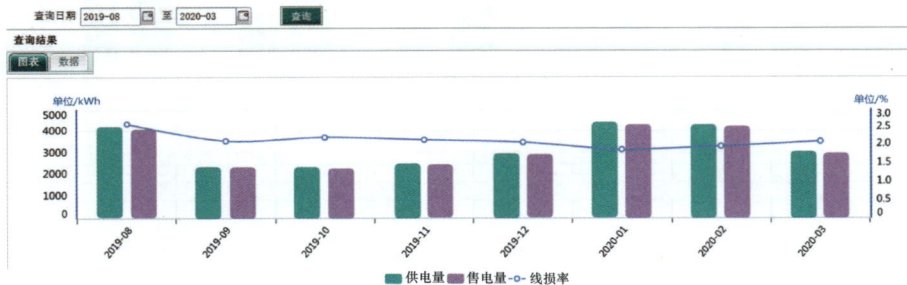

图7-35　×× 四配电变压器整改前后月线损曲线图

案例 6　电缆破损引起放电影响线损

案例现象： PMS_王港 ××45 号台区（台区编码：0990100013***）区线损偏高，连续发生线损率超过 5% 的现象。王港 ××45 号台区典型日线损图如图 7-36 所示。

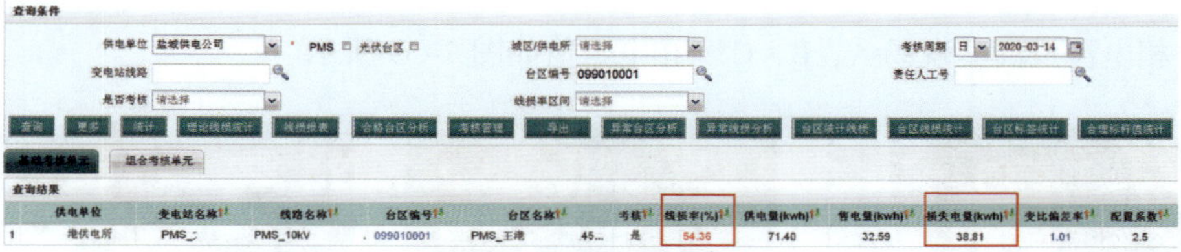

图7-36　王港××45号台区典型日线损图

2020 年 3 月 12 日 ~20 日，该台区线损率偏高，3 月 12 日线损率高达 69.07%。王港 ××45 号台区历史线损数据如图 7-37 所示。

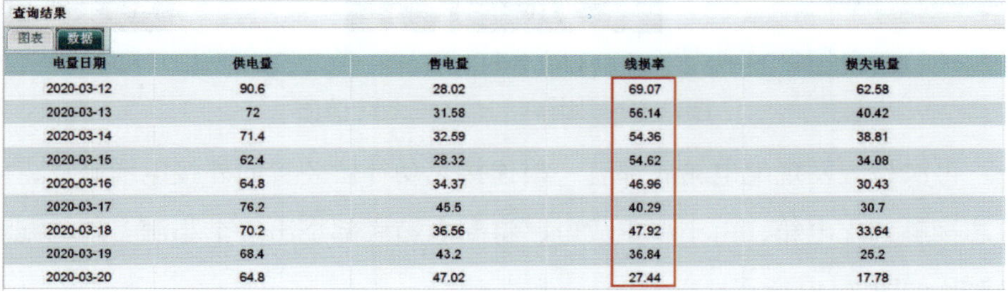

电量日期	供电量	售电量	线损率	损失电量
2020-03-12	90.6	28.02	69.07	62.58
2020-03-13	72	31.58	56.14	40.42
2020-03-14	71.4	32.59	54.36	38.81
2020-03-15	62.4	28.32	54.62	34.08
2020-03-16	64.8	34.37	46.96	30.43
2020-03-17	76.2	45.5	40.29	30.7
2020-03-18	70.2	36.56	47.92	33.64
2020-03-19	68.4	43.2	36.84	25.2
2020-03-20	64.8	47.02	27.44	17.78

图7-37　王港××45号台区历史线损数据

核查结论： 现场核查台区户变关系、关口表计均无问题，经过系统比对，发现该台区总表（总户号：7103196***）日用电量大幅上升。该台区下用户共计 2 户，用电量均正常，无明显变化。台区下用户用电量情况如图 7-38 所示。

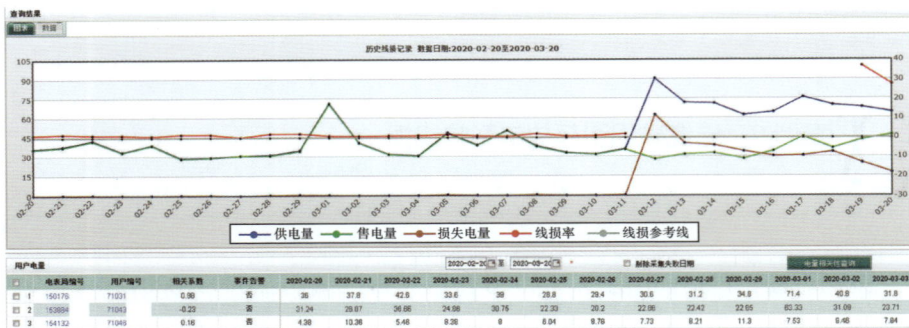

图7-38　台区下用户用电量情况

经现场检查，总表和户表封印接线均无异常。用钳形电流表测得低压侧B相电流过高。现场 A、B、C 三相电流值如图 7-39 所示。

（a）A 相电流　　　　　（b）B 相电流　　　　　（c）C 相电流

图7-39　现场A、B、C三相电流值

再次检查发现配电箱底部有一根连接无功补偿装置的外接电缆破皮，电缆芯接触到配电箱，由于严重放电，将配电箱底部烧出一个小洞。现场配电箱照片如图 7-40 所示。

整改措施： 对配电箱电缆放电接触位置进行绝缘加固，整改后配电箱底部现场照片如图 7-41 所示。

整治效果： 自 3 月 21 日起该台区线损率下降到 1% 以下，线损合格。王港 ××45 号台区整改前后线损曲线图如图 7-42 所示。

（a）配电箱外观图　　　　　　　　　　（b）配电箱电缆放电点

图7-40　现场配电箱照片

图7-41　整改后配电箱底部现场照片

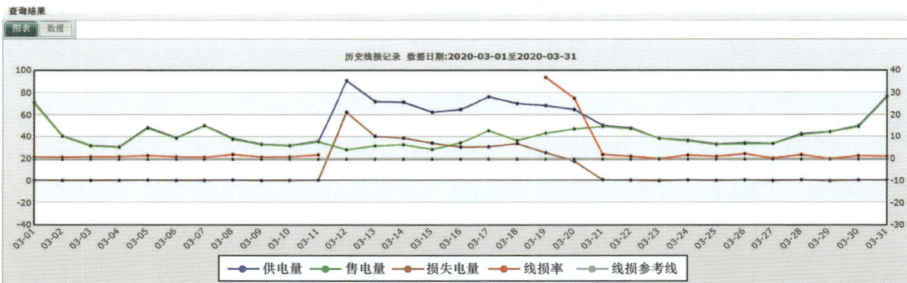

图7-42　王港××45号台区整改前后线损曲线图

CHAPTER

EIGHT

第八章
其他原因线损典型案例

低压线损
精益化管理实务

第一节 施工质量不良

案例1 客户计量装置电压连接片松动导致线损偏高

案例现象：PMS_××5号配电变压器（台区编码：3090102925***）为2020年3月24日新上变压器，自投运后3月27日~31日出现高损。××5号配电变压器线损曲线图如图8-1所示。

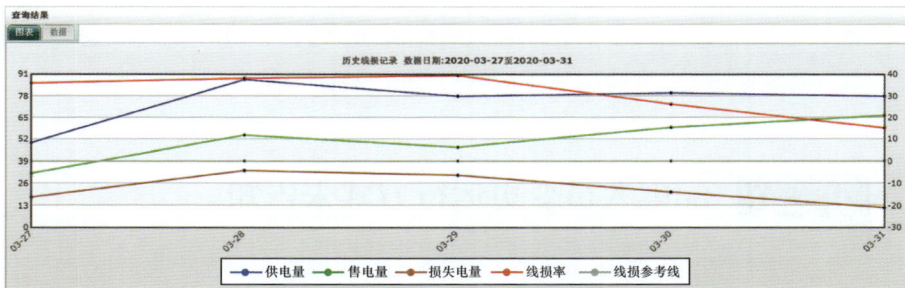

图8-1 ××5号配电变压器线损曲线图

核查结论：通过用电信息采集系统召测用户江苏××房地产开发有限公司（户号：7105590***，电能表号：1543627***），发现A相电压为0。现场检查人员发现电能表显示A相电压为0，打开表盖发现A相电压螺钉松动。

整改措施：将用户三相表A相螺钉拧紧后电能表电压恢复正常。处理前后7105590***用户表计三相电压值如图8-2所示。

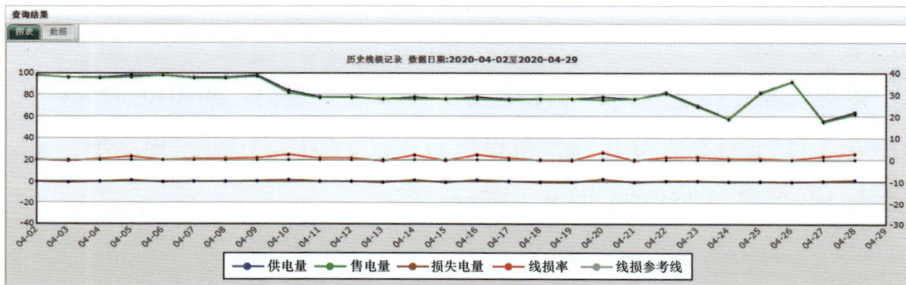

图8-2 处理前后7105590***用户表计三相电压值

整治效果：自4月2日起，台区线损恢复正常，××5号配电变压器整改前后线损曲线图如图8-3所示。

图8-3 ××5号配电变压器整改前后线损曲线图

第二节 配电人员变更运行方式未告知

案例1 两台带低压母联配电变压器运行方式变更导致台区线损异常

案例现象：2019年8月27日~30日，PMS_北海××1号变电站台区（台区编号：0990100003***）线损高、PMS_北海××2号变电站台区（台区编号0990100003***）线损率为无法计算，供电量为0，有售电量。两个台区在同一个变电站内，组合线损正常。北海××1号变电站台区历史线损曲线图如图8-4所示。

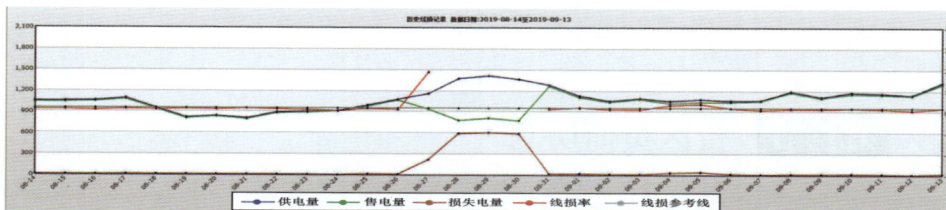

图8-4　北海××1号变电站台区历史线损曲线图

北海 ××2 号变电站台区历史线损曲线图如图 8-5 所示。

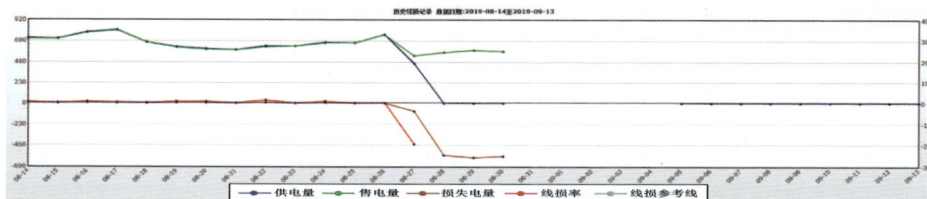

图8-5　北海××2号变电站台区历史线损曲线图

核查结论： 因 PMS_ 北海 ××2 号变电站台区变压器故障，配电人员停用该台区，通过低压母联开关将全部负荷全部切割到 PMS_ 北海 ××1 号变电站台区。由于变压器故障暂时无法处理，需联系设备厂家处理。

整改措施： 由于 PMS_ 北海 ××2 号变电站台区变压器故障，暂无法恢复运行，将原台区下所有用户调整到 PMS_ 北海 ××1 号变电站台区。停用 PMS_ 北海 ××2 号变电站台区。

整治效果： PMS_ 北海 ××1 号变电站台区线损恢复正常，8 月 31 日线损率为 1.3%。北海 ××1 号变电站台区整改前后线损曲线图如图 8-6 所示。

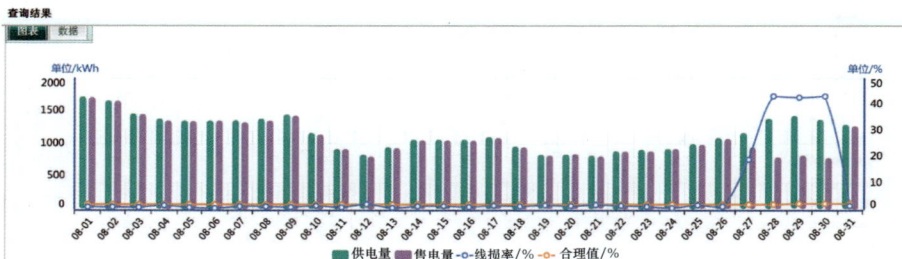

图8-6　北海××1号变电站台区整改前后线损曲线图

第三节 台区负荷切割

案例 1 台区负荷切割，未及时维护档案导致户变关系错（一）

案例现象：PMS_ 蔡 ×× 四台区（台区编号：3090102169***）2020 年 3 月 6 日起线损持续为负线损，同时 PMS_ 蔡 ×× 八台区（台区编号：3090102617***）线损持续偏大。蔡 ×× 四台区负线损数据如图 8-7 所示。

查询结果

图表 数据

电量日期	台区关口电量	上网关口电量	用户售电量	总表反向电量	线损率
2020-03-01	96	1.24	94.4	0	2.92
2020-03-02	83.4	20.14	99.9	0.6	2.94
2020-03-03	74.4	20.74	90.79	1.2	3.31
2020-03-04	87.6	25.9	108.64	1.2	3.22
2020-03-05	81	26.15	101.76	2.4	2.79
2020-03-06	75.6	18.44	92.85	2.4	-1.29
2020-03-07	114	17.72	140.06	0	-6.33
2020-03-08	79.2	13.57	100.58	0.6	-9.07
2020-03-09	87	0.85	99.43	0	-13.18

图8-7 蔡××四台区负线损数据

蔡 ×× 八台区高线损数据如图 8-8 所示。

查询结果

图表 数据

电量日期	供电量	售电量	线损率	损失电量
2020-03-01	99	96.24	2.79	2.76
2020-03-02	105	102.34	2.53	2.66
2020-03-03	108	105.49	2.32	2.51
2020-03-04	104.4	101.49	2.79	2.91
2020-03-05	100.8	98.28	2.5	2.52
2020-03-06	92.4	85.42	7.55	6.98
2020-03-07	118.8	104.38	12.14	14.42
2020-03-08	115.8	102.11	11.82	13.69
2020-03-09	113.4	96.99	14.47	16.41

图8-8 蔡××八台区高线损数据

核查结论： 通过用电信息采集系统里的历史线损率统计发现挂接在蔡 ×× 四台区下的用户郑 ××（用户编号 7105091***）原来一直没有用电量，近期突然有用电量产生，现场检查发现是原来两个台区切割时该用户正好在台区交界处，工作人员工作失误没有切割到位，该用户现场实际上是在蔡 ×× 八台区用电，但是系统中挂接在蔡 ×× 四台区。该用户长期不在家，没有用电量，同时采集成功，未引起台区线损异常，近期在家用电量增大，从而导致两个台区线损异常。7105091*** 用户用电量情况如图 8-9 所示。

用户电量　2020-03-03 至 2020-03-09　剔除采集失败日期

		电表局编号	用户编号	相关系数	事件告警	2020-03-03	2020-03-04	2020-03-05	2020-03-06	2020-03-07	2020-03-08	2020-03-09	用户名称
☐	44	150205	725500		否	0	0	0	0	0	0	0	徐
☑	45	100043	710509	-1	否	0	0	0	4.34	11.5	10.86	14.07	郑
☐	46	150378	725500		否	0	0	0	0	0	0	0	徐

图8-9　7105091***用户用电量情况

整改措施： 3 月 10 号营销系统发起“营销 GIS 图形维护”流程，挂接到正确的变压器——PMS_ 蔡 ×× 八台区，流程编号 300218614***。

整治效果： 3 月 10 日两个台区的线损均已恢复正常。蔡 ×× 四台区整改前后线损曲线如图 8-10 所示。

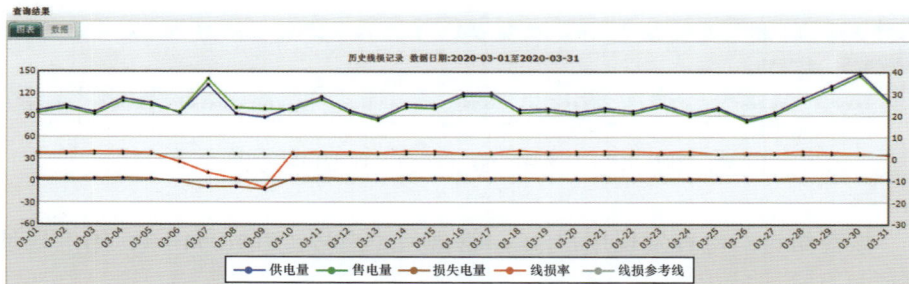

图8-10　蔡 × × 四台区整改前后线损曲线

蔡 ×× 八台区整改前后线损曲线如图 8-11 所示。

图8-11 蔡××八台区整改前后线损曲线

案例2 台区负荷切割，未及时维护档案导致户变关系错（二）

案例现象： PMS_××中心变压器（台区编号：3090102295***）自2020年3月12日起出现线损异常。3月12日，台区全采集高线损，线损率为11.83%，损失电量84.48kWh。××中心变压器台区典型日线损图如图8-12所示。

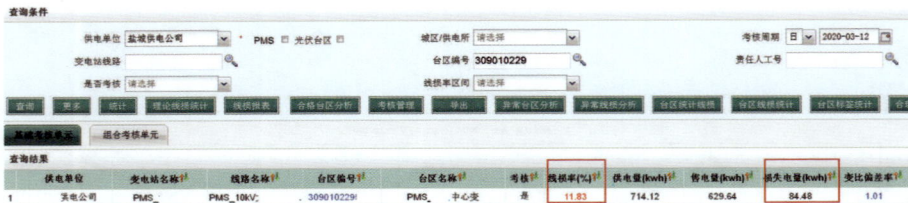

图8-12 ××中心变压器台区典型日线损图

核查结论： 检查发现用户××管理所（户号：7101054***，用电地址：××加油站）现场切割到该台区，但配网班未及时告知营销台区经理，造成现场切割和系统切割未及时同步到位。

整改措施： 在营销系统内发起"营销GIS图形维护"流程，调整户变关系。

整治效果： 3月15日起，台区线损恢复正常。××中心变压器台区整改前后线损曲线如图 8–13 所示。

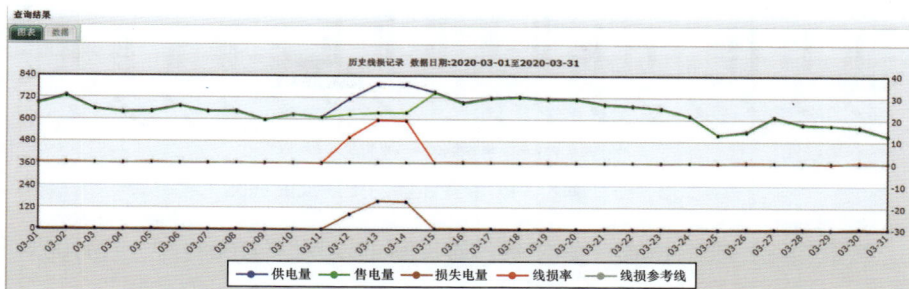

图8–13　××中心变压器台区整改前后线损曲线

案例3　台区负荷挂接点有误导致户变关系错（一）

案例现象： PMS_ 草 ××2 号变压器（台区编号：0990100011**）与 PMS_ 草 ××20 号变压器（台区编号：3090102137***）原线损率持续稳定，2019 年 9 月 25 日 PMS_ 草 ××2 号变压器台区下 36 户切割至 PMS_ 草 ××20 号变压器台区，PMS_ 草 ××2 号变压器线损率突然异常增高，PMS_ 草 ××20 号变压器为负线损。

典型日线损图： 10 月 4 日，PMS_ 草 ××2 号变压器高线损，线损率为 7.11%；PMS_ 草 ××20 号变压器为负线损，线损率为 –1.92%。

草 ××2 号变压器历史线损曲线图如图 8–14 所示。

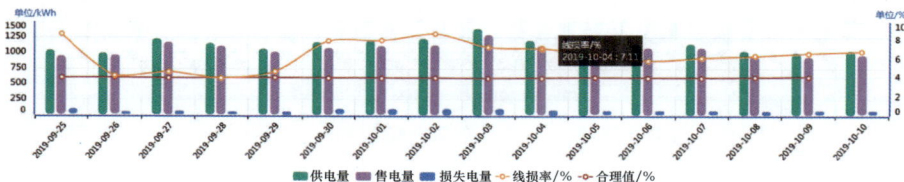

图8–14　草××2号变压器历史线损曲线图

草 ××20 号变压器历史线损曲线图如图 8-15 所示。

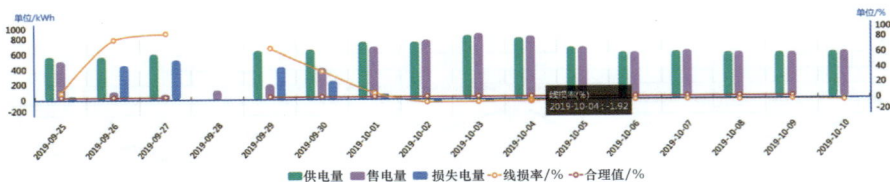

图8-15　草××20号变压器历史线损曲线图

核查结论：现场核查户变关系，通过断电发现 7741008***、7741008*** 等 10 户台区挂接有误，应在原台区 PMS_ 草 ××2 号变压器台区。

整改措施：对这 10 户用户进行营销 GIS 图形维护，重新调整至 PMS_ 草 ××2 号变压器台区。7741008*** 用户营销系统流程如图 8-16 所示。

图8-16　7741008***用户营销系统流程

整治效果：自 10 月 11 日起，两台台区线损恢复正常。

草 ××2 号变压器整改前后线损曲线如图 8-17 所示。

图8-17　草××2号变压器整改前后线损曲线

草 ××20 号变压器整改前后线损曲线如图 8-18 所示。

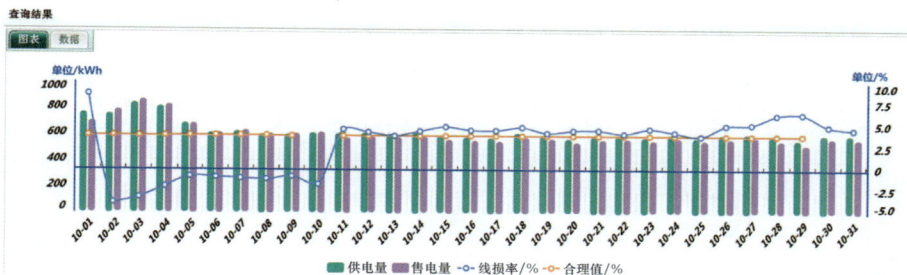

图8-18　草××20号变压器整改前后线损曲线

案例4　台区负荷挂接点有误导致户变关系错（二）

案例现象：PMS_××六组台区（台区编号：0990100005***）自2020年2月20日起线损率经常为负。××六组台区历史线损曲线如图8-19所示。

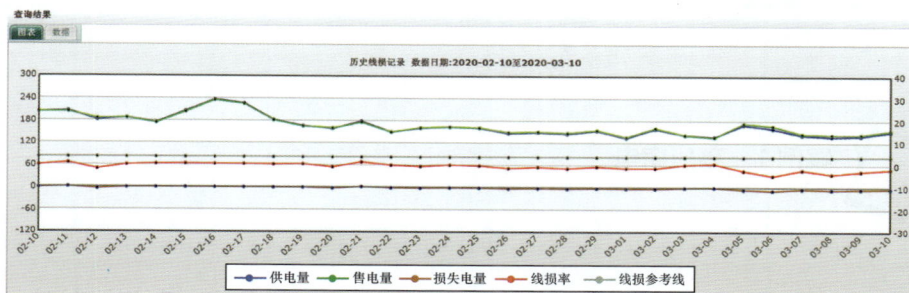

图8-19　××六组台区历史线损曲线

核查结论：对用电信息采集系统数据分析，发现7270004***用户相关系数为-0.99，初步怀疑台区负损因该户引起，组织现场核对户变关系。

检查发现该户所在台区于2019年11月份与PMS_××南排站台区（台区编号：0990100005***）分割，分割后因该户用电量一直比较小，未引起台区线损异常，截至2月20日用电量有所增加，出现负线损。

整改措施：2020 年 3 月 12 日在营销系统发起"营销 GIS 图形维护"流程，挂接到正确的变压器——PMS_×× 南排站台区。流程编号：300219006***。

整治效果：自 3 月 12 日起，该台区线损恢复正常。×× 六组台区整改后线损曲线如图 8-20 所示。

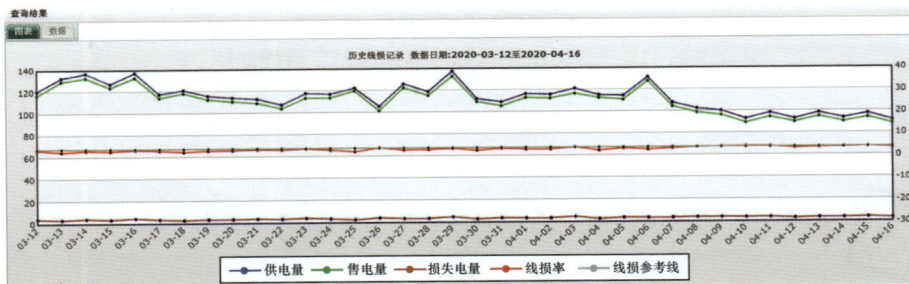

图8-20　×× 六组台区整改后线损曲线

第四节　线路线损

案例 1　高压窃电

案例现象：2014 年 6 月，东台供电公司通过用电信息采集系统线损指标分析，在进行线路线损统计计算中发现 20kV ×× 线路（线路编号：0992000***）日线损率在 18% 左右，严重超出线损正常水平。

（1）2014 年 5 月 7 日，线路全采集高线损，线损率为 17.32%，供电量 113976kWh，售电量 94232kWh，损失电量 19744kWh。20kV ×× 线路 2014 年 5 月 7 日线损率如图 8-21 所示。

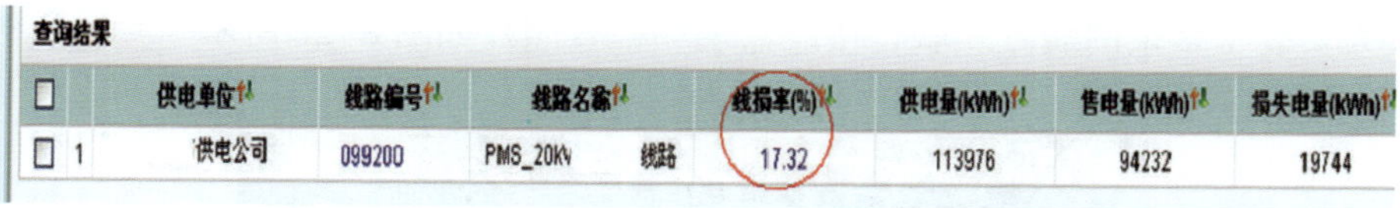

查询结果

		供电单位	线路编号	线路名称	线损率(%)	供电量(kWh)	售电量(kWh)	损失电量(kWh)
	1	供电公司	099200	PMS_20kV 线路	17.32	113976	94232	19744

图8-21　20kV××线路2014年5月7日线损率

（2）对该线路的供售电量情况进行跟踪，发现 7 月 5 日开始该线路线损突然再次升高，损失电量增加至 2 万 kWh 以上。该线路下仅有两个用户，因 A 户负荷是 B 户负荷的数倍，如此大的电量损失疑似与 A 户有关。线路下 A、B 户用电量情况统计表如表 8-1 所示。

表 8-1　　线路下 A、B 户用电量情况统计表

日期	供电量 kWh	A 户用电量 kWh	B 户用电量 kWh	损失电量 kWh	线损率 %
2014/6/30	93576	87360	6800	–584	–0.62
2014/7/1	98400	92640	5388	372	0.38
2014/7/2	111720	104480	6696	544	0.49
2014/7/3	115368	108160	6736	472	0.41
2014/7/4	105240	98880	6848	–488	–0.46
2014/7/5	132936	104000	5932	23004	17.3
2014/7/6	111720	66560	7376	37784	33.82
2014/7/7	118128	69920	6392	41816	35.4
2014/7/8	81888	46400	6580	28908	35.3
2014/7/9	85752	50080	6216	29456	34.35

核查结论：7 月 11 日中午，在当地派出所民警的支援配合下，东台供电公司组织检查人员进入 A 户进行检查。客户在现场故意把负荷降了下来，拒绝升负荷配合校验。检查人员对整个计量柜的计量进线回路、计量柜体进行外观检查，最终发现在计量柜的顶部有一根防盗螺钉没了，直接用手就能掰开顶部封板。拆下计量柜内联合接线盒，发现联合接线盒背板有些异常，有被动过的痕迹，扒开背板后，发现在联合接线盒的接线端子排背面有异常，

人为安装了多余的装置。联合接线盒现场检查照片如图 8-22 所示。

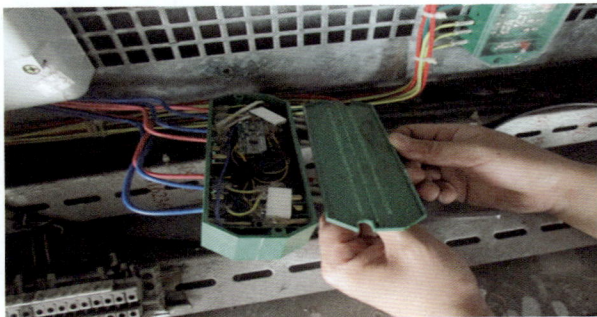

图8-22　联合接线盒现场检查照片

整改措施：依法对该户中止供电，追补电量 1398023kWh，追补电费 924093.25 元、违约使用电费 2772279.75 元，并对窃电现场进行封存。为固化证据，东台供电公司委托盐城公正计量司法鉴定所对现场查获的经改造的接线盒进行了鉴定。计量鉴定报告照片如图 8-23 所示。

整治效果：自 2014 年 7 月 12 日起，该线路线损率下降到 1% 以内。该案件的查处对维护地方供用电秩序、规范用电行为起到了很好的警示作用。

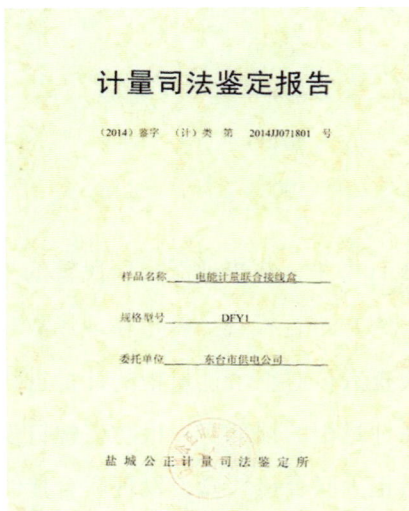

图8-23　计量鉴定报告照片

台区线损相关名词解释

　　台区：指一台或一组变压器的供电范围或区域。

　　台区线损：台区配电网在输送和分配电能的过程中，由于配电线路及配电设备存在着阻抗，在电流流过时就会产生一定数量的有功功率损耗。在给定的时间段（日、月、季、年）内，所消耗的全部电量称为线损电量。台区线损电量 = 台区供电量 − 台区用电量。从管理的角度分为技术线损和管理线损。

　　技术线损：又称为理论线损。它是电网各元件电能损耗的总称，主要包括不变损耗和可变损耗。技术线损可通过理论计算来预测，在现实生产中是不可避免的，可以采取技术措施达到降低的目的。

　　管理线损：主要包括计量设备误差引起的线损以及由于管理不善和失误等原因造成的线损。管理线损可以通过规范业务管理等手段降低。

　　台区线损率：台区线损率 =（台区线损电量 / 台区供电量）× 100%。

　　台区供电量：台区供电量 = 台区考核表正向电量 + 光伏用户上网电量。

　　台区用电量：台区用电量 = 考核表反向电量 + 普通用户用电量 + 光伏用户用电量 + 其他（无表用户电量、业务变更电量、退补电量等）。

　　相电压、线电压：三相电路中每个相两端（头尾之间）的电压称为相电压。任意两根端线间（相与相间）的电压称为线电压。

　　相电流、线电流：三相电路中流过每一相绕组或负荷的电流称为相电流。流过每根端线的电流称为线电流。

　　最大需量：最大需量是指用电户在全月中每 15min 内平均负荷的最大值。

　　有功功率：交流电路中，电阻所消耗的功率为有功功率，以字母 P 表示，单位用瓦或千瓦表示，有功功率与电流、电压的关系：$P=UI\cos\varphi$，一般在三相电能表中可以读取这个参数。

无功功率：在交流电路中，电感（电容）是不能消耗能量的，它只是与电源之间进行能量的交换，而并没有消耗真正的能量。把与电源交换能量的功率称为无功功率。用符号 Q 表示，单位为乏或千乏。无功功率与电压、电流之间的关系：$Q=UI\sin\varphi$，一般在三相电能表中可以读取这个参数。

功率因数：在交流电路中，电压与电流之间的相位差（φ）的余弦叫作功率因数，用符号 $\cos\varphi$ 表示。在数值上，其即为有功功率与视在功率之比即 $P/S=\cos\varphi$。在总功率不变的条件下，功率因数越大，则电源供给的有功功率越大。提高功率因数，可以充分利用输电与发电设备，一般在三相电能表中可以读取这个参数。

互感器：互感器又称为仪用变压器，是电流互感器和电压互感器的统称，能将高电压变为低电压、大电流变为小电流，用于测量或保护系统。TA 代表电流互感器。电流互感器是将一次接线系统的大电流换成标准等级的小电流，向二次测量、控制与调节装置及仪表提供电流信号的装置。TA 变比指电流互感器的大电流与转换后的小电流数值的比值。TV 代表电压互感器。电压互感器是将一次接线系统的高电压换成标准等级的低电压，向二次测量、控制与调节装置及仪表提供电压信号的装置。TV 变比指电压互感器的高电压与转换后的低电压数值的比值。

综合倍率：综合倍率 =TA 变比 ×TV 变比。

缺相：三相电能表在运行过程中，由于接线接触不良等原因造成的 TV 电压丢失或低于某一电压值（但不为零）的现象称为缺相。

断相：指三相电能表在运行过程中，某相电压为零的现象。

三相电流不平衡率：配电变压器的三相不平衡率 =（最大电流 – 最小电流）/ 最大电流 ×100%。各种绕组接线方式变压器的中性线电流限制水平应符合 DL/T 572《电力变压器运行规程》相关规定。配电变压器的不平衡率应符合：Yyn0 接线不大于 15%，中性线电流不大于变压器额定电流的 25%；

Dyn11 接线不大于 25%，中性线电流不大于变压器额定电流的 40%。

高损台区： 高损台区是指在某一统计期内，台区同期线损率超过管理单位设定指标要求的异常台区。

负损台区： 负损台区是指在某一统计期内，台区同期线损率低于 0% 的异常台区。

不可计算线损台区： 不可计算线损台区是指台区因计量故障、采集异常等原因造成供电量为零或空值、用电量为空值，造成台区线损无法按模型准确计算台区线损率。

分布式电源： 指在用户所在场地或附近建设安装，运行方式以用户侧自发自用为主，多余电量上网，且以平衡调节配电网系统为特征的发电设施或有电力输出的能量综合梯级利用多联供设施。分布式电源包括太阳能、天然气、生物质能、风能、地热能、海洋能、资源综合利用发电（含煤矿瓦斯发电）等。本书中主要指光伏发电用户。

采集主站： 通过信道对采集设备中的信息采集、处理和管理的设备，以及采集系统软件，本书中主站一般指统建的用电信息采集系统主站，简称主站。

前置机： 前置机是主站与集中器连接的枢纽，主要负责采集系统数据的定时采集和处理，能够在指定条件下自动完成采集系统定义的任务。负责响应分站及通信通道的故障报警，通知管理人员进行处理，在线监视所有设备的运行情况。

集中器： 集中器是对低压用户用电信息进行采集的设备，负责收集各采集器或电能表数据，并进行处理存储，同时能和主站或手持设备进行数据交换的设备。

采集器： 用于采集多个或单个电能表的电能信息，并可与集中器交换数据的设备。采集器依据功能可分为基本型采集器和简易型采集器。基本型采集器抄收和暂存电能表数据，并根据集中器的命令将存储的数据上传给集中器。简易型采集器直接转发集中器与电能表间的命令和数据。

通信模块： 指采集系统主站与采集终端之间、采集终端与采集器，以及采集器/采集终端与电能表之间本地通信的通信单元或通信设备。一般采集器/采集终端与电能表之间的通信单元使用窄带载波、微功率无线或宽带载波等通信方式；采集系统主站与采集终端之间多采用 GPRS/CDMA，230M 以及 4G 等通信方式。

规约： 系统中指某种通信规约或数据传输的约定，低压用户抄表子系统中使用的规约有自定义规约和多种电能表规约。

上传： 主站向集中器发送请求数据命令后，集中器将数据传送到主站的过程。

主动上传： 指不需主站发送指令，集中器主动向主站传输数据的方式，一般主动上传信息为事件类信息。

数据冻结： 数据冻结是采集终端依照电能表通信规约规定向电能表发送的一条命令，电能表执行该命令后将这一时刻的数据保存在电能表缓存内；采集终端从电能表缓存中读取数据，并把该数据与时标一起封装后存储在采集终端。

临时用电： 临时用电是指基建工地、农田基本建设、市政、抗旱、排涝用电等非永久性用电。临时用电期限除经供电企业准许外，一般不得超过六个月。包括无表临时用电和有表临时用电两种计量方式。

窃电： 主要指在供电企业的供电设施上，擅自接线用电，绕越供电企业用电计量装置用电，伪造或者开启供电企业加封的用电计量装置封印用电，故意损坏供电企业用电计量装置，故意使供电企业用电计量装置不准或者失效，以及其他未经供电企业允许的盗窃电能行为。

台户关系： 指台区所供电用户与台区配电变压器的隶属关系，一个用户内任一个计量点应对应唯一配电变压器，但多电源用户除外。台户关系也称户变关系。

费率：指电能表内将一天 24h 划分成若干时间区段，一般包括尖、峰、平、谷时段，与之对应时间区段的电费价格计算体系称为费率。

PMS 系统：设备（资产）运维精益管理系统（简称 PMS）是以设备管理、资产管理和 GIS 为核心的企业级信息系统，是实现横向集成和纵向贯通的生产管理标准化系统。

营销 GIS 应用系统：指供电企业的电力设备、变电站、输配电网络、电力用户与电力负荷和生产及管理等核心业务连接形成电力信息化的生产管理综合信息系统，包含各类设备和用户的地理信息。